★漫畫科普系列 超科少年 8

叛逆×程式×計算機

愛達

Ada

目錄

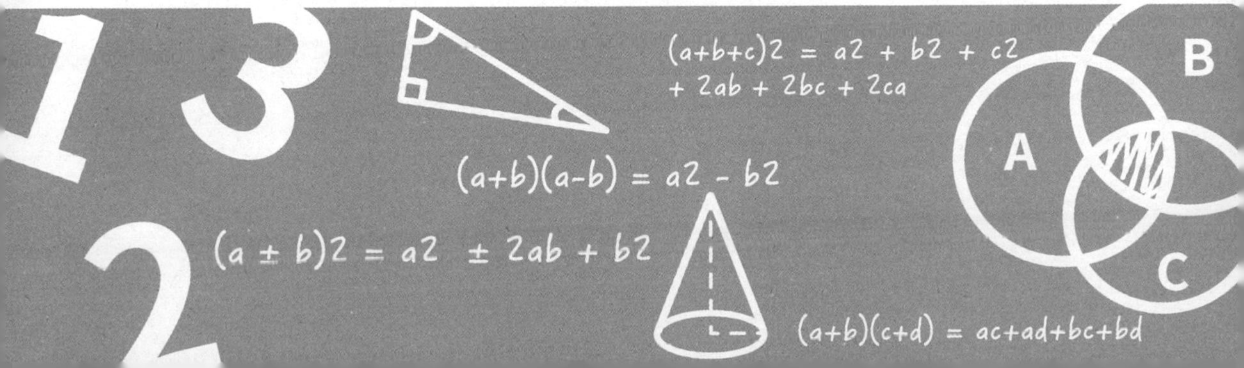
1 3
(a+b+c)2 = a2 + b2 + c2
+ 2ab + 2bc + 2ca
B
A
(a+b)(a-b) = a2 - b2
2
(a ± b)2 = a2 ± 2ab + b2
C
(a+b)(c+d) = ac+ad+bc+bd

推薦文

營養均衡的科學素養漫畫餐

文／吳俊輝（臺灣大學副國際長、物理系暨天文物理所教授）

這是一部很有意思的創意套書，但很遺憾的在我那個年代並不存在。

我小時候看過不少漫畫書、故事書和勵志書，那是在閱讀課本之餘的一種舒放與解脫，然而這部套書則是一個綜合體，巧妙的將生硬的課本內容與漫畫書、故事書、及勵志書等融合在一起，讓讀者像是被煮青蛙一般，不知不覺的被科學洗腦，被深深的植入科學素養及人生毅力的種子。

這部套書聚焦在多位劃時代的科學家身上，他們各自所處的年代，依上述順序像是接力賽一般，巧妙的串起了人類科學史上的黃金三百年，當年的成果早已深深的潛移入我們當今仍在使用的許多科學原理中，而這些突破絕非偶然。

針對每位科學家，這部書都先從引人入勝的漫畫形式切入，若從專業的角度來看，科學界的前輩們或許會覺得漫畫中的許多情節恐怕難脫冗餘之名，但是若去除掉這些潤滑劑，它就會像是沒有開胃菜、配菜、佐料、甜點及水果的牛排餐，只有單單一塊沒有調味的牛排，想直接塞入學童們的口中，而我們的教科書經常就像是這樣，以為這才是最有效率的營養提供方式。臺灣的許多科學教科書，甚至更像是營養膠囊，沒有飲食的樂趣，難怪大多數人都會覺得自然學科很生澀，在離開學校後很怕再接觸到它。一般的科普書也大多像是單點的餐食，而這部書則是一套全餐，不但吃起來有情調，那些看似點綴用的配菜，其實更暗藏有均衡營養及幫助消化的功能。

這部書除了漫畫的形式之外，還搭配有「閃問記者會」、「讚讚劇場」及「祕辛報報」等單元。「閃問記者會」是利用模擬記者會的方式，重現巨擘們的風采，一一釐清各式不限於科學範疇的有趣問題。「讚讚劇場」則是由巨擘們所主演的劇集，真人真事，重現了當年的時代背景，成功絕非偶然。「祕辛報報」則像是武林擂台兼練功房，從旁觀的角度來檢視巨擘們所主張之各種學說的歷史及科學地位，有攻有防，還提供了武林盟主們的武功祕笈，讓讀者們能在短時間內學上一招半式，以便於日後開創自己的成功人生。

科學其實和文學一樣，學說的演進和突破都有其推波助瀾的時代背景，但學校中的課本或一般的科普書則大多只告訴我們英雄們總共成功的攻頂過哪幾座艱困的山，以及這些山群們有多神奇，卻顯少著墨在英雄們爬山前的準備、曾經失敗的登山經驗、以及行山過程中的成敗軼事。少了這些東西，我們永遠學不好爬一座山，而這些東西其實就是科學素養的化身，只懂科學知識而沒有素養，我們充其量只不過是一隻訓練有素的狗，玩不出新把戲也無法克服新的挑戰，這是我們在二十一世紀知識爆炸的年代中所要面臨的嚴峻挑戰。這部書在漫畫中、在記者會中、在劇場中、在祕辛室中，都再再提點並闡釋了這個素養精神，清楚的交待了每個成功事跡背後的脈絡，以及事前所付出的無數失敗代價，這對習慣吃速食的現代文明人而言，像是一頓營養均衡的滿漢大餐，雖說不是每個人的任務都是要去攻頂奇山，但無可諱言的，我們都生活在同一個山林中，就算不攻頂也仍須在人生中劈山荊、斬山棘！就讓我們一起填飽肚子上路吧！

角色介紹

ADA

仁傑

國一男生，為了完成暑假作業而參與老師的時光體驗計劃，被老師稱為超科少年。但神經大條，經常惹出麻煩，有時卻因為他惹的麻煩而誤打誤撞完成作業題目。

愛達．勒芙蕾絲

人稱「第一位程式設計師」，早在電腦發明前 100 年，就發展出程式設計的雛型。愛達是英國著名詩人拜倫的愛女，可說是感性和理性的結晶，但是卻因為身上狂放不羈的個性，被親生母親用盡各種方法，加以掌控。在短短 36 年的生命裡，用無比的勇氣、奔放的文采，努力擺脫血統枷鎖，企圖在科學研究路上留下一筆精彩人生。

代課老師

仁傑、亞琦班上老師的妹妹，雖然是親生妹妹，但是和哥哥在外表和個性上卻一點都不像，平日以吐槽哥哥為一大樂趣。雖然是代課老師，但只要遇到有困難的學生，一定會立刻幫忙。

亞琦

國一女生，受到仁傑的拖累而一起參與老師的時光體驗計劃，莫名其妙成為超科少年的一員。個性容易緊張，但學科知識非常豐富，常常需要幫仁傑捅的簍子收拾殘局。

小颯

超科少年的一員（咦？）。會講話的飛鼠，是老師自稱新發現的飛鼠品種，當作寵物豢養。偶爾會拿出一些老師做的道具，在關鍵時刻替其他人解圍。

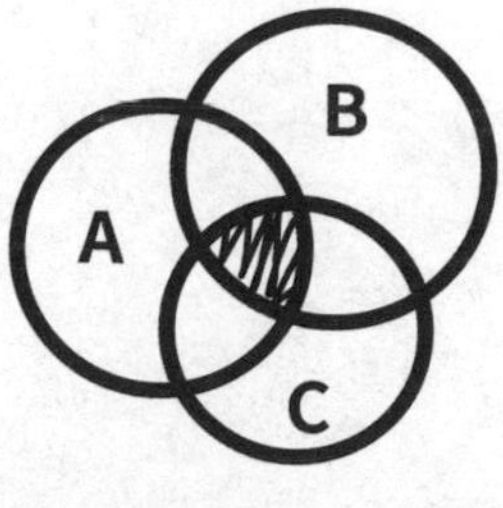
A
B
C

第一課
浪漫詩人與數學公主

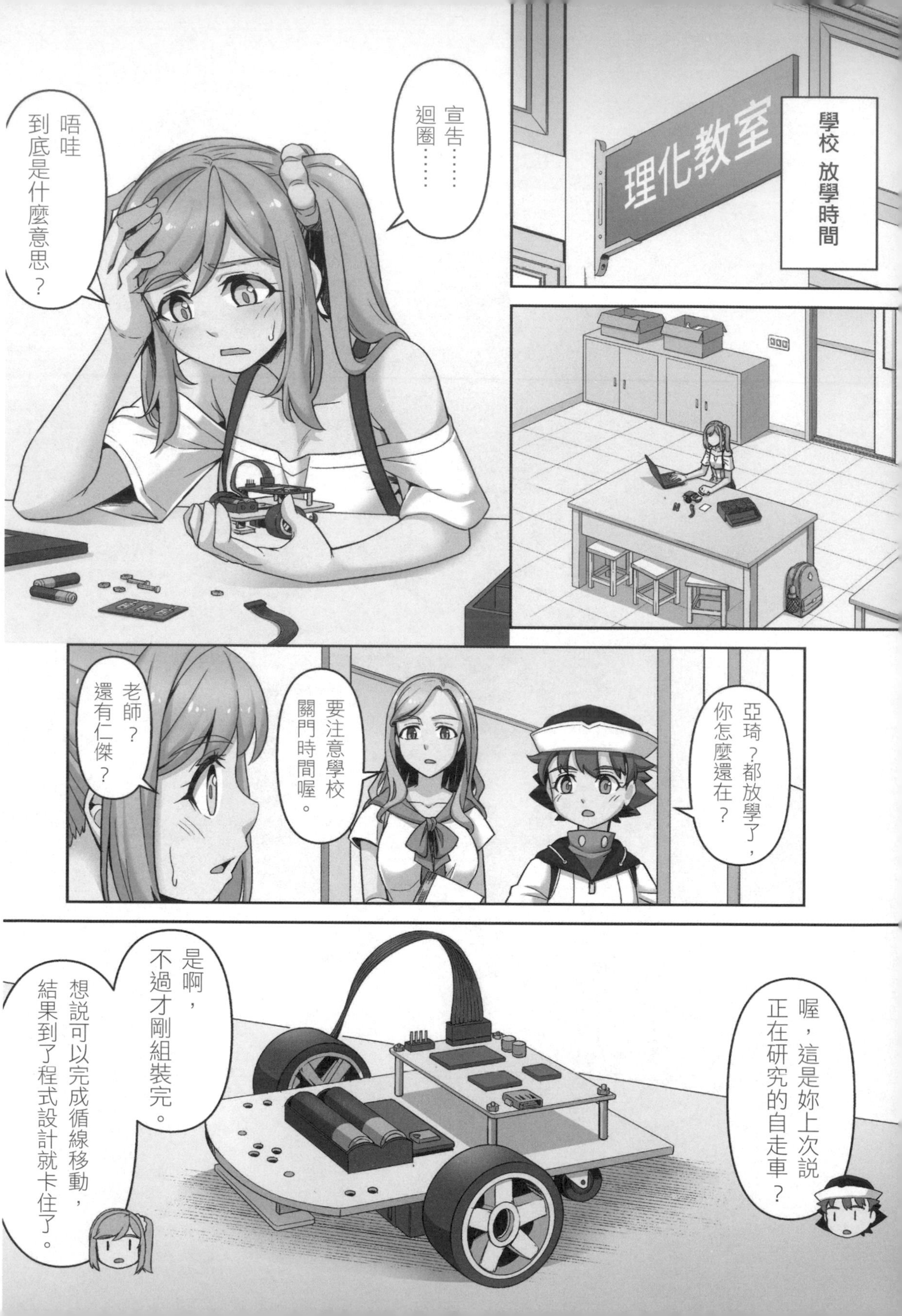
學校 放學時間
理化教室
宣告……迴圈……
唔哇到底是什麼意思？
亞琦？都放學了，你怎麼還在？
要注意學校關門時間喔。
老師？還有仁傑？
喔，這是妳上次說正在研究的自走車？
是啊，不過才剛組裝完。
想說可以完成循線移動，結果到了程式設計就卡住了。

循線移動？
就是車子辨識紙上的黑線條，然後自動跟著黑線跑啊。
沒錯，而且車子要控制感測器偵測線條外，還要利用超音波感測器來避開路上障礙喔。
聽起來好像很難。
還是四驅車簡單，速度就是王道！
我的車子可是沒有極限！
所以你上次四驅車才會超越極限，飛出軌道撞牆嗎？
那只是意外……
感覺是無法完成了。
還以為這很簡單
沒想到程式概念比我想的還難懂。

其實程式概念
也是慢慢演進的。
甚至早在電腦發明
前一百年，就有人
提出程式概念。
真的嗎？
沒錯！
歷史上人類製造了
許多自動化裝置，
但現代程式架構基礎
是由一位年輕女性與
她的朋友所提出的。
竟然是女生？
！
老師的體驗機
有這位女生資料嗎？
沒記錯，有喔！
我可以幫忙設定。
太好了！
那個……
被老師丟進體驗機還不
夠，竟然還主動要求。
我也要去！

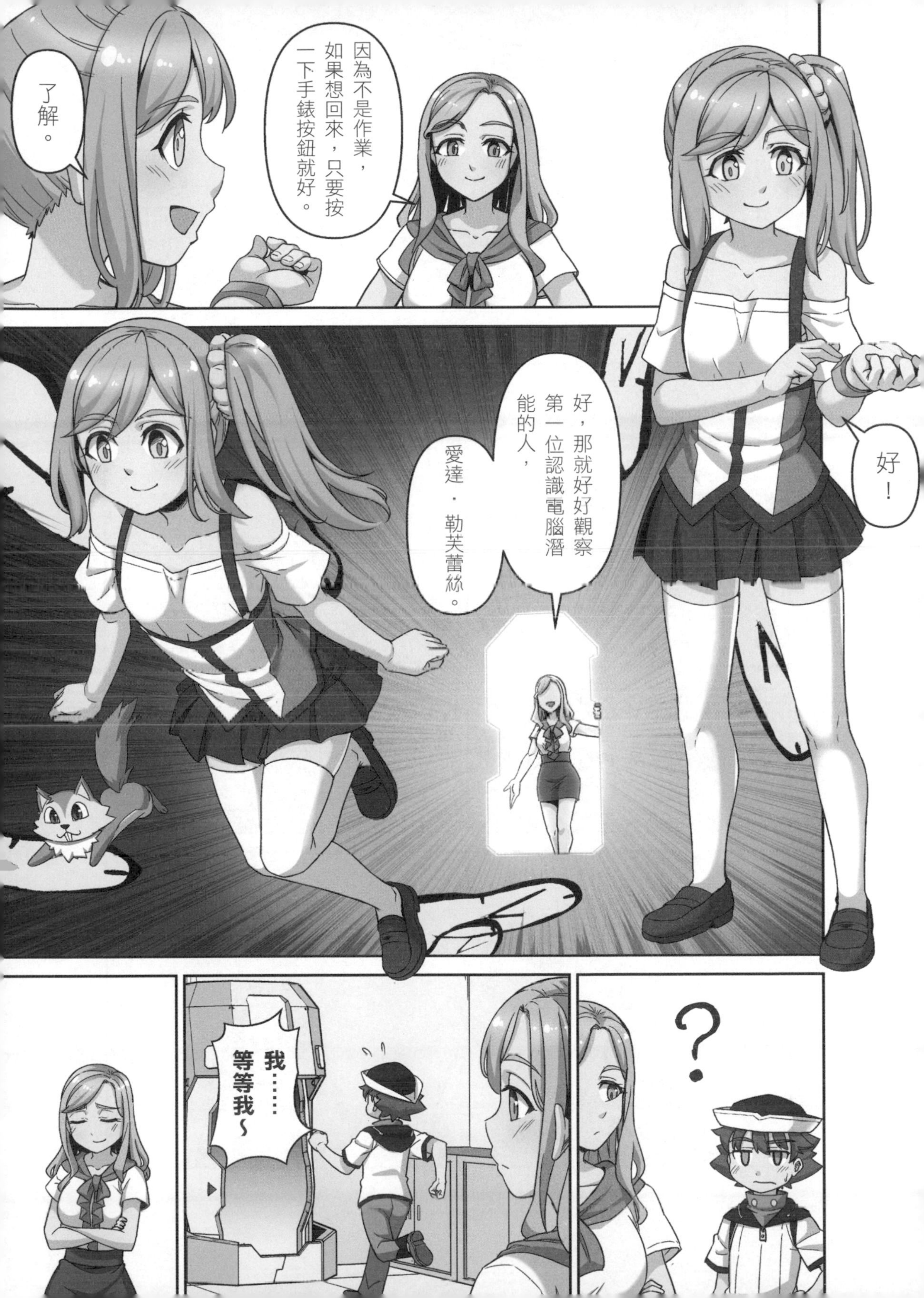
因為不是作業，如果想回來，只要按一下手錶按鈕就好。
了解。
好！
好，那就好好觀察第一位認識電腦潛能的人，愛達．勒芙蕾絲。
？
我……等等我～

1828年英國
坎特伯雷 比夫隆
咻
怎麼是鄉下……
雖說是電腦發明一百年前，但這裡好像連電力都沒有。
啪
唔、好痛～
仁傑，你不是沒興趣嗎？
我……我突然覺得應該蠻有趣的，呵呵呵。

算了，兩個人行動還是比較安全。
不過要從哪裡開始調查呢？
？
啊……啊啊啊！！
讓開讓開！
碰
哇

對不起，沒看到前面有人。
我以為可以順利飛起來的。
飛起來？
嗯嗯，我在研究鳥的翅膀構造。
想說只要翅膀夠大就能起飛。
結果還沒起飛就撞壞了。
糟糕，翅膀也破掉了。
可能是紙的強度不太夠喔。
可是鳥的羽毛不也很軟嗎！
妳可以改用……
沒事～這個笨蛋做過類似的事，也摔得很慘。
什麼！

原來你也做過飛行實驗？快點教我！
那個……我做的只是玩具。
也是，飛行果然沒那麼簡單。
看來還要再研究改進。
什麼嘛，害我高興一下。
真是抱歉。
要讓人飛上天真的是不簡單呢。
你們知道蒸氣機吧。
我有個構想！
使用蒸氣機的動力，並在機器外側裝上翅膀。

最好做成馬的造型，這樣我就可以坐在馬背上飛行。
那不就是北歐神話的女武神……
厲害
哈哈哈哈，被發現了。
但我是真的想這麼做。
我一定要做出一個又優雅又厲害的飛行機器。
這樣就可以自由的飛到想去的地方。
那我們也來幫妳。
真的嗎？太好了！
忘了自我介紹，我叫愛達。
愛達！妳在哪裡？

愛達～
糟糕～跑哪裡去了？
為什麼要躲起……
噓！
要是被發現，會被抓回家裡。
我還不想回去。
怎麼了？回家不好嗎？
不好！回去只有無聊的數理課要上！

聽起來很像我媽在家的時候。
不，母親平常不住家裡，只會偶爾過來。
剛才那人是母親請來的保姆。
家裡也還有家教，負責監視我的學習進度。
哇！你父親沒有說什麼嗎？
父親……
父親他…已經去世了。
對不起。
沒關係~我跟父親其實沒有見過面。
所以是在妳出生前就去世的嗎？
不，大概是在四年前。

父親叫做拜倫，聽說是很厲害的詩人。
不過從小母親就不準我提父親的名字，說那是家裡的禁忌。
當然母親也沒有告訴我父親的任何事。
怎麼這樣？你母親這麼討厭他嗎？
這我不知道，保姆們也不敢說。
為什麼？

我怎麼好像聽到「拜倫」兩個字？
母親大人……
難得過來想看妳的學習狀況，沒想到妳躲在這裡。
啪
我應該跟你說過不準提拜倫。
不要製作麻煩，快回去上課。
22

等一下！她不是你女兒嗎？
為什麼她連父親的名字都不準提呢？
沒禮貌，你是哪家的野孩子，不但打擾愛達上課，竟然還對我大小聲？
什……
你說誰野孩子！
算了，跟你們說也沒差。
原因很簡單，因為她的父親就是渣男。

他對我們做了許多過分的事，我想你們外人是不會懂的。
我不希望愛達沾染到那傢伙的惡劣性格
就這樣，你們不準待在這裡。
不好意思，兩位請離開吧。
唔嗯嗯嗯……

1833年
倫敦
這裡好像不是上次的鄉下。
看時間是已經五年後。
難道搬家了？不知道愛達怎樣了？
我想一直被母親關在家裡應該感覺很難受吧。
沒錯，她母親讓我想起我媽生氣的樣子。
你是劃錯重點了吧……
往前面找看看吧。

你們是……
仁傑跟亞琦？
是愛達？
哇！真的是你們！好久不見了！
好開心！
變得好漂亮。
你臉紅了。
你變漂亮了呢～
妳現在住在這裡嗎？
不，我是來參加巴貝奇舉辦的沙龍。
沙龍？那是什麼？
看來你們不知道呀。

聽說是從法國傳來的，一些貴族會邀請其他貴族與學者來家裡演講或學術討論。
可以說是上流社會的科學聚會呢！
原來是這樣！
聽起來有點像法拉第的星期五之夜。
咦？一樣也是沙龍嗎？
啊……那是以前去過的一個聚會。
你剛說的巴貝奇是主辦人嗎？
是啊！他是很有名的數學家，今天是母親帶我一起來的。
你媽媽也有來喔……
別擔心，她在裡面忙著交際，沒時間管我。
我只是覺得裡面好多人，想出來透透氣。
既然你們去過類似的聚會，要不要一起進來？
好啊！

……
非常感謝各位，我和嘉賓的演講節目暫告一段落。
在座有不少科學家與藝術家，歡迎各位彼此交流、認識，
屋內也擺了許多我的收藏，歡迎隨意參觀，不要客氣。
這個旋轉的舞孃好厲害！
是啊，是啊！邊轉動，手腳還會跟著動呢。
大家好像都很喜歡那個機器舞孃。
嗯，聽說那是巴貝奇最自豪的收藏品。
我怎麼看都只是個發條玩具。
還以為有什麼很厲害的討論，結果大家只對那玩具感興趣。
別這樣嘛~
總比關在家裡好呀。

明明現在
工業時代正要崛起，
但這些人還沉浸在浪漫中，真是好無聊。
啊
哈哈，這種說法對現場賓客有點失禮喔～
噫！
對……對不起！
第一次參加這種活動，請原諒我的失禮。
沒有的事。身為主辦人卻讓來賓失望，我才是該說對不起的人。
其實那個旋轉的銀色舞孃只是拿來炒熱氣氛。
我還有其他更有趣的收藏喔！
真的嗎！

就是這個。
這是我的精心傑作，差分機。
雖然離完成品還有一大段距離，不過也算是個雛型了。
好特別的裝置！

差分？是指數學的差分嗎？
沒錯！只要完成後就可以計算多階差數列，並進一步計算多項式。
原來用齒輪零件就能做N次方的計算。
哈哈，這裡面可不是齒輪這麼簡單喔。
N次方我也會，二、四、六、八、十……
你那個是N次方才怪。

註：「次方」是指同一個數字連續相乘，像是2的4次方就是2x2x2x2，運算後的結果為16。

那麼大概什麼時候會完成呢？
短時間應該無法完成，因為齒輪的加工難度很高，加上工人罷工，所以離完成品一直遙遙無期。
如果完成的話，應該對數學計算有很大幫助吧。
透過特殊的齒輪帶動不同的機械連桿……
真是太美了。
工人罷工？
是啊，有很多人擔心這些機械會搶走他們工作……

就是這個！
巴貝奇先生！
能不能也讓我參與製作？我有自信能幫助你提早完成！
這個……由於還是雛型，加上我還會修改設計圖。
不過我可以先教妳機械的運作原理。
太好了！
看來愛達又找到新的學習目標了。
那台機械會影響工作機會？
你再不讀書的話遲早比機器還笨。

愛達！原來妳在這裡啊。
真是抱歉，打擾您了，巴貝奇先生。
不不，安娜貝拉夫人，您的女兒很厲害呢～
仁傑，亞琦！你們有興趣一起……
咦？
現代 學校

呼～
呼～
回來了呀！
看到愛達的母親就想回來了。
我也是。
不過為什麼愛達的母親這麼討厭拜倫呢？
這是因為……
雖然拜倫是個有名的詩人，但卻不避諱到處搞曖昧、談戀愛。
甚至在女兒愛達出生後也不改他四處留情的習慣。
無法忍受拜倫的安娜貝拉就帶著愛達離開了。

痛恨拜倫的安娜貝拉擔心女兒遺傳到父親的個性，
所以為愛達安排各種數理課，用理性來平衡她的豐富想像力。
並且還在愛達身旁安排許多保母和家教監視。
原來如此。
還好愛達在母親控制之下仍對學習保持興趣。
是啊，所以保持自己的求知慾還是很重要的。
看來為人風流一點都不好。
我覺得你不會有這種煩惱。

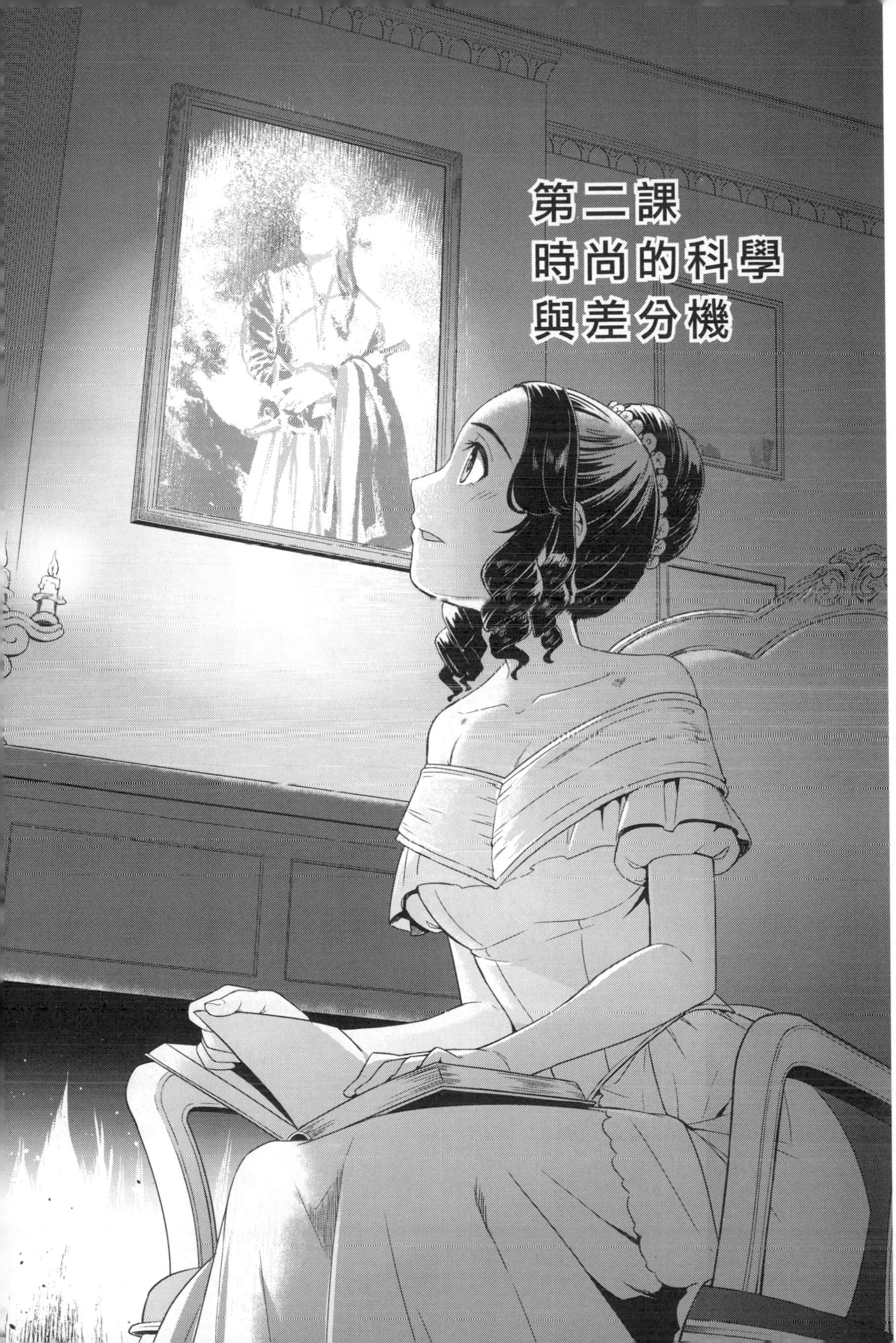
第二課
時尚的科學
與差分機

學校 圖書館
借閱時間是一星期
好~
唉呀，我竟然有比妳看更多書的一天。
那不代表什麼吧。
亞琦怎麼了？？沒借到書嗎？
是啊~沒找到想要的書。
是亞琦啊。
你借的都是漫畫啊。
要…要你管！

老師好～
上次自走車的進度還順利嗎？
在研究紅外線偵測器跟超音波感測器時又卡住了。
想來學校圖書館找資料，結果也找不到。
這樣啊～
這類書在學校圖書館的確不好找呢。
果然是這樣……
自學比想像中的難好多，唉～我真的有辦法完成嗎？
週末再去外面圖書館找資料。
老師，我先回家了。
……

唔……唔啊？
妳啊～給自己太多壓力了。
知識是慢慢累積的，強迫自己吸收只會有反效果。
不要這麼容易就喪失信心。
只要找到自己的步調按部就班學習，
很多事就不難了。
是，我知道了。可是我臉好痛。
哎呀！不好意思。

愛達也是慢慢學習，最後才理解差分機的原理喔。
真的嗎？
仁傑忍住……
噗噗……
那個體驗機能用嗎？
可以啊~還停在上次的
哈
哈
哈
哈
哈
嚇！
好，熱機完畢。
繼續觀察愛達的學習之路吧。
噗。

1835年
英國 倫敦
這是切爾西皇家醫院，是給退伍軍人與家屬居住的地方呢。
醫院？
唉呀！
哇啊！
抱歉～東西太多沒看到……
仁傑跟亞琪！又見面了～
愛達！
……

怎麼拿這麼多書？
我來這裡找數學老師。
老師？是巴貝奇先生嗎？
不是喔～是薩默維爾夫人。
ADA KICK!
還好妳不是做了更人的翅膀來撞我。
我如果做出來了絕對第一個撞你！
妳說老師是薩默維爾夫人？
是啊～她是有名的數學家跟天文學家。還借我很多書學習喔。
這麼多書看得完嗎？
慢慢看總是看得完嘛。要不要陪我一起去找老師？

嗯~做得很好。
解答方式也很有條理。
作業沒問題，那麼這是今天的功課，也要一樣努力喔！
太好了！
沒想到你很喜歡這種作業，但是也不要太累喔~
哼哼，小意思！
應該有比巴貝奇沙龍時的那些展覽品還好玩，對吧！
呵呵呵
我不是說了，那是我太緊張說錯話！

兩位是愛達的朋友吧。
聽說以前愛達的個性很直率、不拘小節呢。
沒錯！她剛還說要做翅膀飛起來撞我……
閉嘴啦！
呵呵呵呵
看來的確如此呢，
不過現在算是文靜不少了。
我最近都有在騎馬練習平穩情緒了，
別再笑我了啦。
沒辦法呢，誰叫妳上次來我家時各種失控。
哇——
討厭！
你都做了什麼……

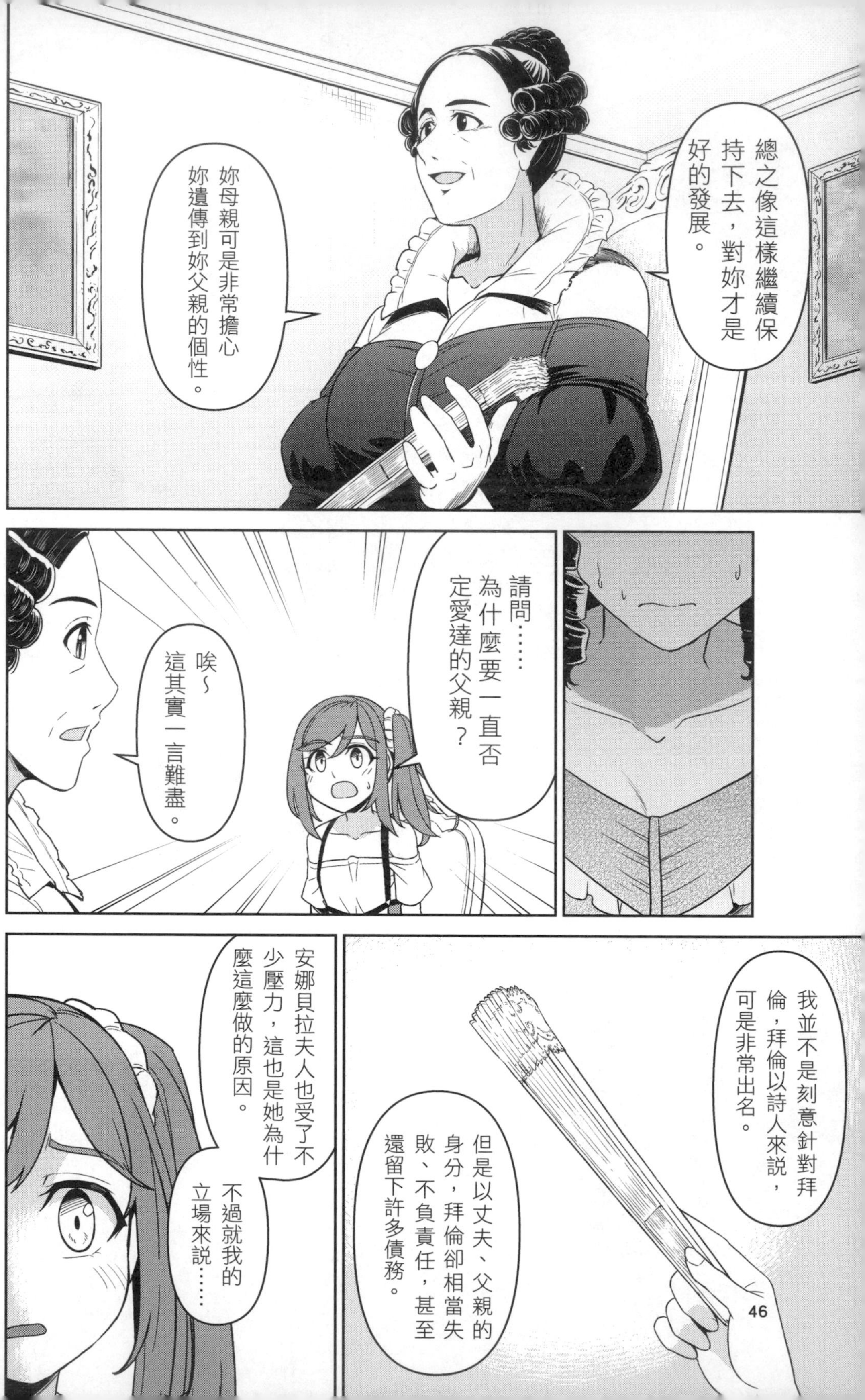
總之像這樣繼續保持下去，對妳才是好的發展。
妳母親可是非常擔心妳遺傳到妳父親的個性。
請問……為什麼要一直否定愛達的父親？
唉～這其實一言難盡。
我並不是刻意針對拜倫，拜倫以詩人來説可是非常出名。
但是以丈夫、父親的身分，拜倫卻相當失敗、不負責任，甚至還留下許多債務。
安娜貝拉夫人也受了不少壓力，這也是她為什麼這麼做的原因。
不過就我的立場來説……

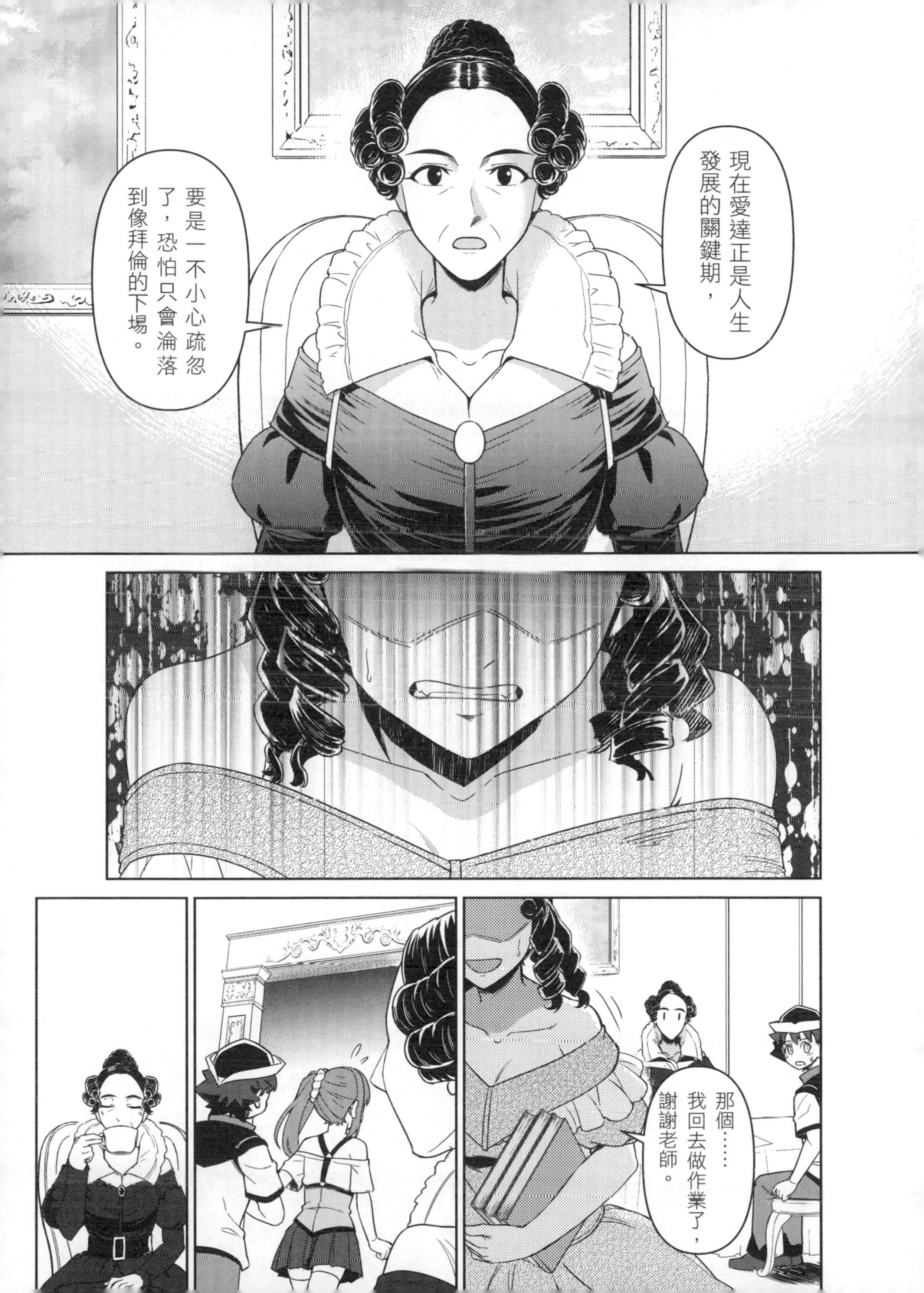
現在愛達正是人生發展的關鍵期，
要是一不小心疏忽了，恐怕只會淪落到像拜倫的下場。
那個……我回去做作業了，謝謝老師。

1835年
英國 奧克漢
聖誕夜
真是感謝你們幫忙，沒想到搬家這麼累。
不會～
不過沒想到愛達這麼快就結婚了。
下雪冷死了
是啊，我也沒想到。他叫威廉，也是位科學家喔。
你們好～
威廉也是薩默維爾夫人兒子的好朋友。

外面太冷了，我們還是進去聊吧。
哇！仁傑！

好大的聖誕樹！
是啊，一年一度的聖誕節，我特別請人準備的。
屋子裡面還是會冷的，這邊有壁爐喔。

整理完，我請各位吃聖誕大餐。
好耶！
好不容易搬出來，心情應該輕鬆不少吧。
我也以為是這樣。
咦！不是嗎？
母親說要教我如何當個好太太好媽媽……
所以她過不久也會搬過來住。
要脫離掌控果然沒那麼容易呢。
是啊……
這是……父親寫的書
咦？

還有筆跟墨水台……
你母親說那些是拜倫的遺物，以後就交給妳了。
伯爵，這要放哪裡？
為什麼……那個懷恨父親入骨的母親。
把它掛在那邊牆上。
愛達～我的家門和我心上唯一的愛女。
!
父親的書上寫著我的名字。
真的嗎？
可愛的孩子，你的臉可像你媽媽？
上次相見，你天真的藍眼珠含著笑，
我的家庭和心靈的獨生女，愛達！

我的愛女！這首歌以你的名字起始。
我的愛女！這一切也以你的名字終結。
！
我見不到你，聽不到你；
可是無人和你交纏更甚，你是我悠長歲月陰霾的友伴。
雖然你永遠不該見到我的眉宇，
我的音容總會混融在你的未來景象裡，
並且進入你的心……

這是……拜倫的畫像？
是啊，也是安娜貝拉夫人送來的。
原來拜倫長這樣。
從小母親就告訴我父親多麼可惡，
但我現在發現其實我一點都不了解父親。
甚至這是第一次可以仔細的看著父親。

沒事沒事，現在就開始新的生活吧。
是啊，別再想過去的事。
謝謝你們……
那麼為了慶祝新居落成！
接下來就瘋狂開趴吧！

雖然不能飛，但我騎馬可是一流喔！
真的嗎？
哇！
抓好，別掉下去啊！
來比誰先做完吧！
有這麼多作業要寫嗎？
這還只是薩默維爾老師要我做的一半呢。
……（顯示已放棄）

這是蘇格蘭傳統服裝喔。
男生也會穿裙子嗎？
裡面是不能穿內褲的喔！有穿的話現在給我脫掉！
什麼！
穿束腰感覺快無法呼吸了。
沒錯～但是可以幫你唱出美妙高音喔。
……

哈
哈
累死了。
嗯～～
這樣就累，
我還想說明早去滑雪。
不行啦！
看來野蠻的個性一點都沒變……
嗚啊！
暈～
不過感覺妳的興趣比以前更廣泛了。
好像是呢。

妳還記得巴貝奇的差分機嗎？
嗯？怎麼了？
當時就覺得差分機雖然是鋼鐵做的機械，但好像又能表現某種自我意志。
所以我就一直在想，不管是音樂也好、繪畫也好、甚至父親那浪漫詩意也好，
或許可以結合巴貝奇的機器，創造出意想不到的東西。
聽起來好難想像喔。
啊哈哈，我自己一時也說不清楚呢。

總之在那之前……
我想盡量接觸更多的事物，學習也好、玩樂也好，
或許就能找到心中最想要的目標。
Z
Z
Z

學校
理化教
回來啦～
怎……怎麼了！
累死了。
一早被愛達拖去滑雪。
看來是玩過頭了啊
摔得屁股好痛。
不過為什麼愛達母親這麼討厭拜倫，卻又把遺物送給愛達？
這的確很奇怪。
像是愛達第一位兒子出生時，安娜貝拉也幫忙取名叫拜倫。
所以到底是愛、還是恨？實在很難理解。
什麼！

愛達後來不斷吸收各種新知，包含數學與科學，還有天文學。
她也努力接觸戲劇音樂、甚至詩歌文學等，試著找出理性與感性的交會點。
好像可以理解慢慢學習是什麼意思了。
是啊，掌握學習步調也很重要。
沒錯，適度吸收才是最好的。
我覺得你不能當做偷懶的藉口啦。
對了，仁傑，老師轉告我因為你考試不及格，所以有額外作業要做。
什麼！

$(a+b)(c+d) = ac+ad+bc+bd$

$(a \pm b)^2 = a^2 \pm 2ab + b^2$

$(a+b)(a-b) = a^2 - b^2$

$(a+b+c)^2 = a^2 + b^2 + c^2 + 2ab + 2bc + 2ca$

第三課
第一位
程式設計師誕生

1836年
倫敦
咻
！
回到倫敦了
這是巴貝奇的家？
噠噠
咦！是仁傑跟亞琦？
太好了，剛好你們也在。
怎麼了？今天巴貝奇又舉辦沙龍嗎？
不是。

聽說巴貝奇老師要放棄製作差分機！
！？
是的，真也是沒辦法。
應該說這個想法已經醞釀好一陣子了。
是製作難度太高嗎？
還是製作預算的問題？
你們說的都是原因。
我還以為有機會可以目睹完成的樣子。
其實還有其他因素……
……

那個，我有個問題，差分機到底是什麼東西啊？
我只是問一下……
説話前可以看個氣氛嗎？
……
哈哈哈，有求知慾是好事。
這説來話長，不過就讓我簡單跟兩位説明一下。
你們聽過普羅尼嗎？
？

普羅尼是法國的數學家。
很久以前我去巴黎參訪法國科學院時，曾在圖書館裡翻閱普羅尼的數值表。
他利用了分工的方式，計算對數與三角函數並整理出數值表，
不過很可惜，這套十幾冊鉅作，沒多久就塵封在圖書館內。
為什麼會塵封呢？
嗯～該怎麼解釋呢？
因為法國大革命時也把數學重新革命，像是把時鐘改成10小時，角度改成400度，所以普羅尼才需要重新製作數值表。
只不過沒想到革命後沒多久，大家覺得新數學制度很難用，沒過多久就恢復原本單位。

雖然普羅尼的數值表不再使用，但是製作方法卻值得學習。
64+8+4+2+1
他透過分工的方式，請幾位數學家把數學算式簡化、再找幾位學生把多項式拆解。最後交由工人計算簡單的加法就行了。
原來普羅尼偷偷找數學家和學生、工人幫忙啊……
哈哈，不是這麼說啦。是分工、是分工！
那為什麼現在要製作差分機呢？
這也是為了簡化計算。
當時我與其他數學家成立了天文學會，打算重新修訂《航海天文年鑑》裡所使用到的數值。
THE NAUTICAL ALMANAC AND ASTRONOMICAL EPHEMERIS FOR THE YEAR 1850

但是我在套用數值表做計算時，卻發現數字常常出錯。
追查原因才發現是數值表出錯導致。
咦？為什麼？
外面雖然有各種數值表的書，但是即便透過分工製作，人工計算還是會出現錯誤。
加上書出版也可能印刷錯誤，都讓市面上同個數值表，卻有不同數值的狀況。
如果因為錯誤的數值表導致年鑑有誤，這對航海或天文計算影響很大。
所以我才說服政府讓我製作一台機器，能夠重新並準確計算各種數值表。

但沒想到製作機器時碰到各種困難，政府也不想繼續投資。
可是就這樣放棄也太可惜了。
也不能說是放棄。
？
而是我想做一個比差分機更高階、能做更多計算的……
分析機！
咦？要做新的機器？
畢竟差分機終究只能計算加法，如果需要做不同計算這台機器也就派不上用場。
只能做加法計算是什麼意思？
還記得我剛才提到普羅尼的分工方法吧。

在算式簡化和分工後，工人只要會做加法運算就好，所以差分機的目的就是取代原先最耗人力的加法計算，
並且直接印出答案，就可以減少計算與抄寫錯誤。
但問題也在於差分機的設計目的就是做加法，無法做其他種計算。
原來是這樣！
好像也不可能做出各種計算功能的機器。
沒錯，更別說現在連一台都做不出。
或是可以設計成依照不同需求更換零件？
這難度太高，目前機器太複雜，無法輕易更換零件
我的目標是能用簡單的方式，來控制機器做不同的運算。

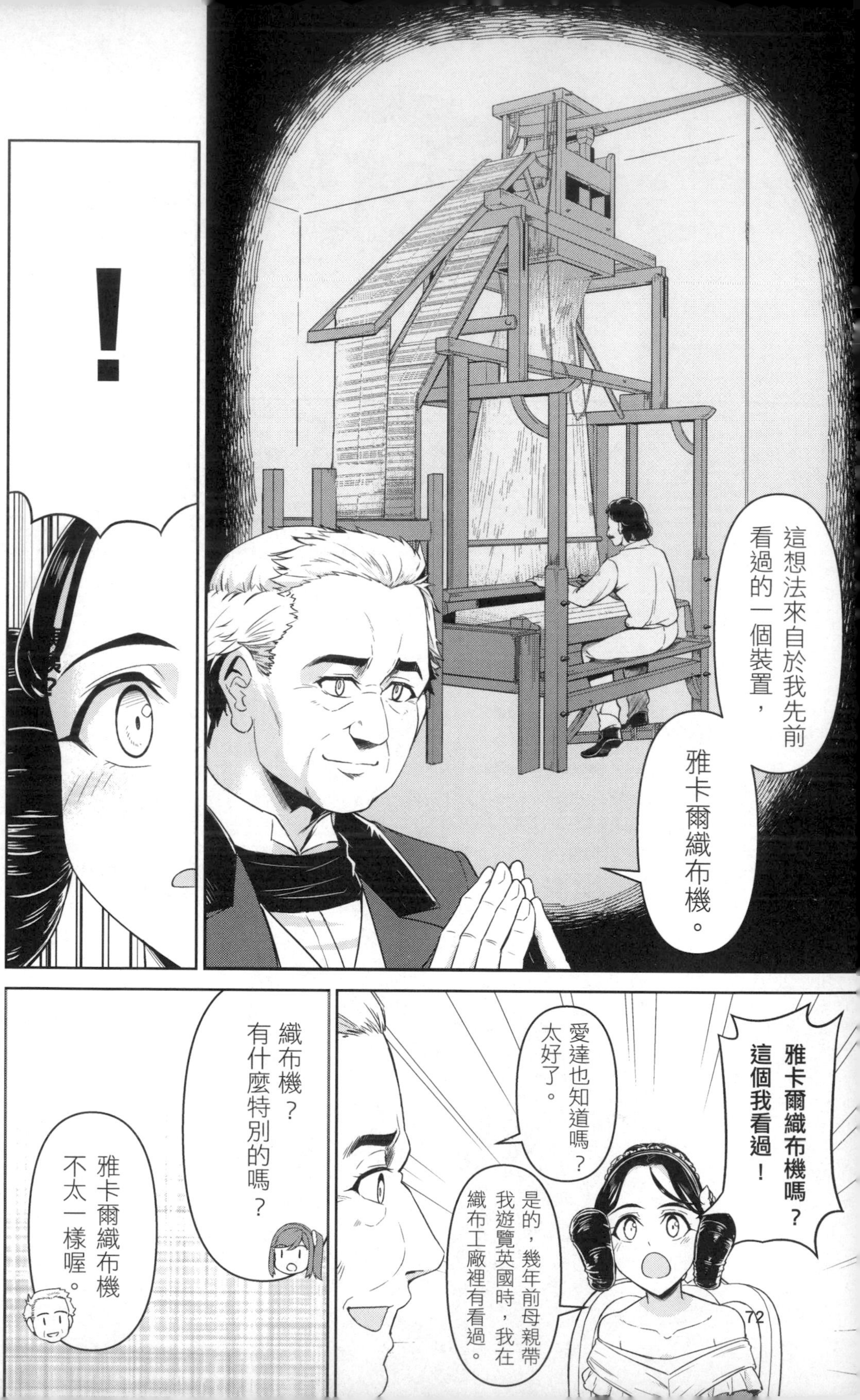
這想法來自於我先前看過的一個裝置，
雅卡爾織布機。
！
雅卡爾織布機嗎？這個我看過！
愛達也知道嗎？太好了。
是的，幾年前母親帶我遊覽英國時，我在織布工廠裡有看過。
織布機？有什麼特別的嗎？
雅卡爾織布機不太一樣喔。

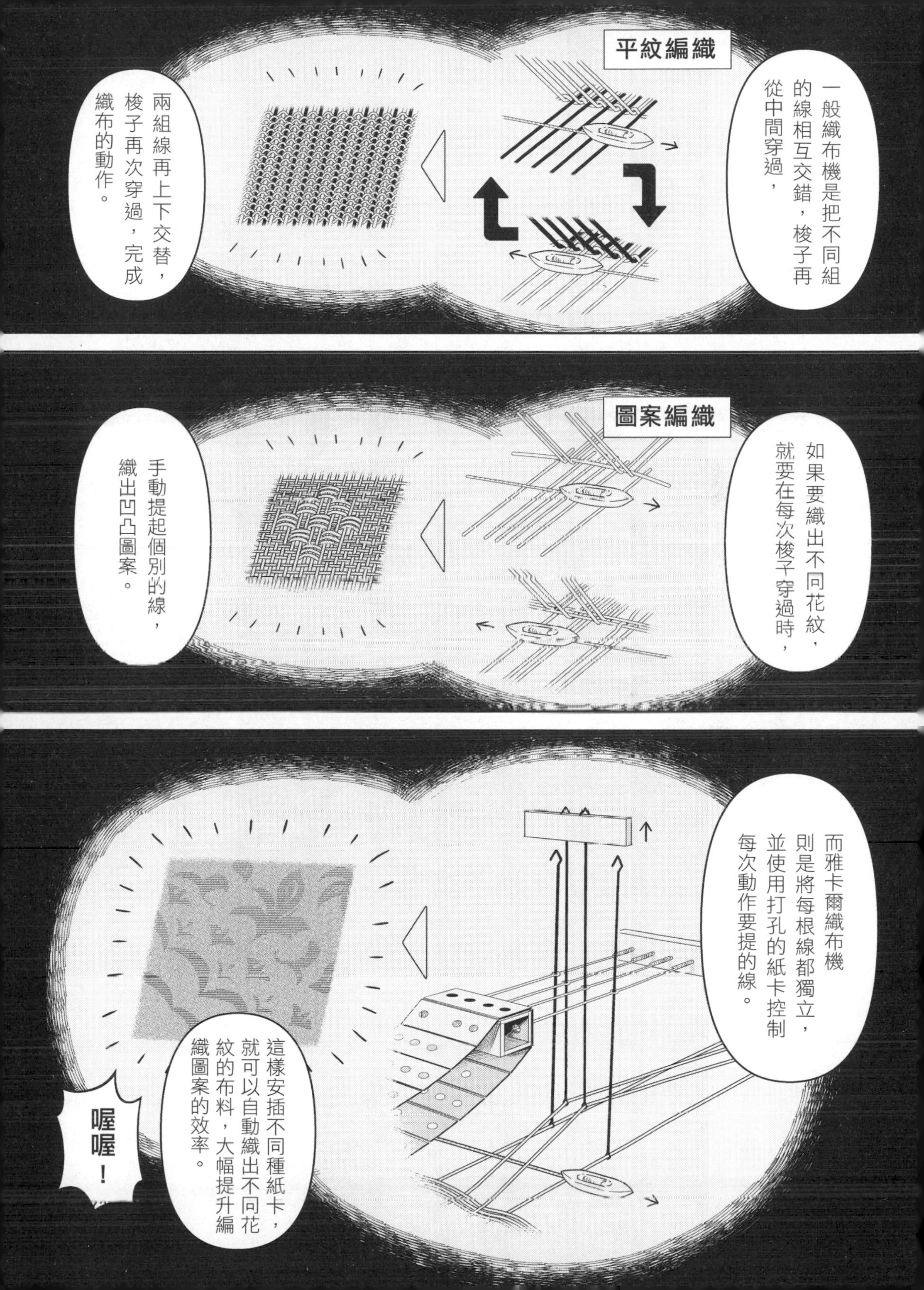

平紋編織
一般織布機是把不同組的線相互交錯，梭子再從中間穿過，
兩組線再上下交替，梭子再次穿過，完成織布的動作。
圖案編織
如果要織出不同花紋，就要在每次梭子穿過時，
手動提起個別的線，織出凹凸圖案。
而雅卡爾織布機則是將每根線都獨立，並使用打孔的紙卡控制每次動作要提的線。
這樣安插不同種紙卡，就可以自動織出不同花紋的布料，大幅提升編織圖案的效率。
喔喔！

老師說用雅卡爾織布機，難道……
沒錯。
差分機除了只能計算加法，每次計算之前也要重新設定齒輪轉盤。
加上每次運算時，還要互相等待數值，
林林總總各項問題，所以我想……
不如把計算、數值記錄與控制等裝置都各自獨立出來，
再利用打孔的紙卡來控制機器，就能讓計算更有效率。

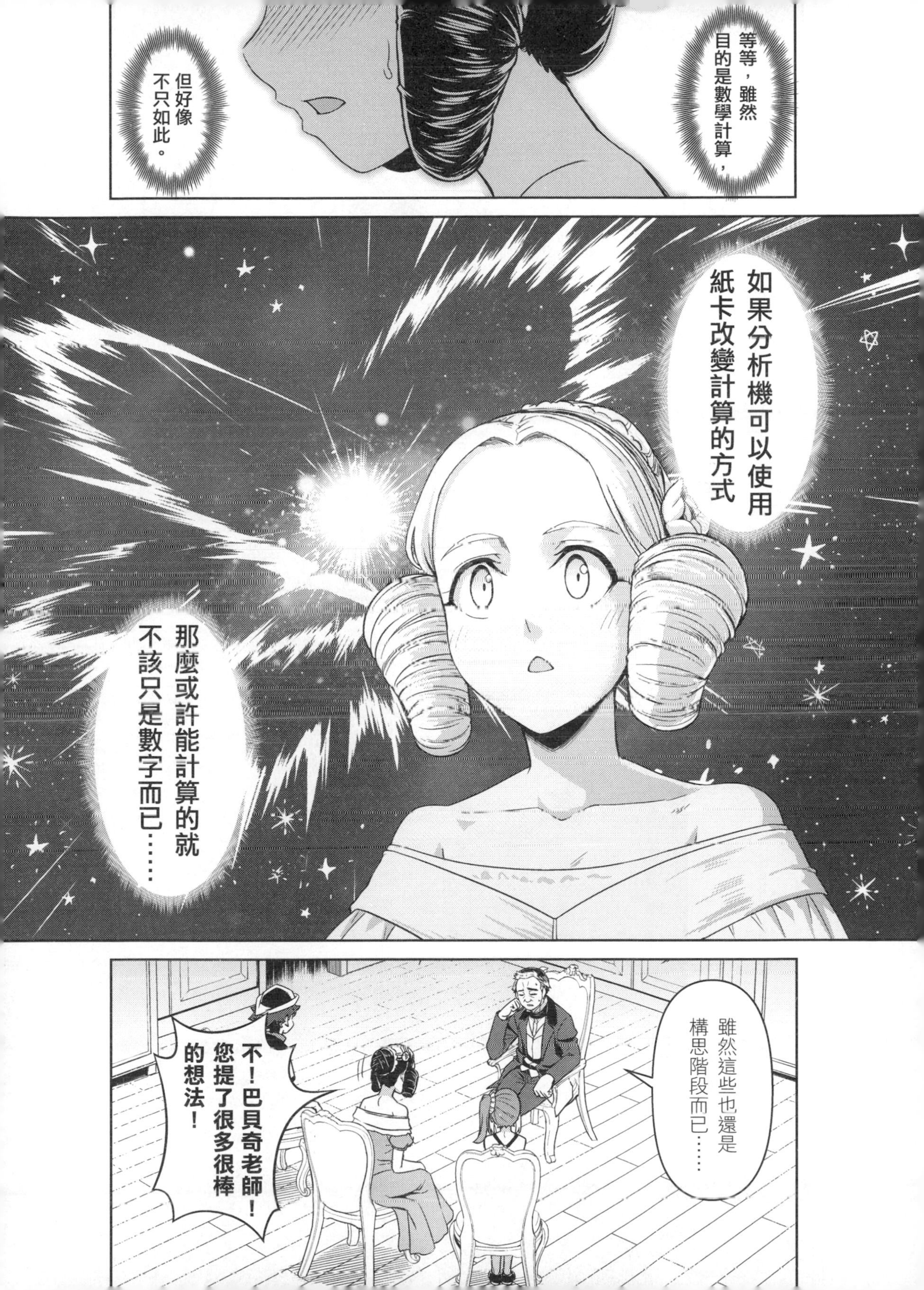
等等，雖然目的是數學計算，
但好像不只如此。
如果分析機可以使用紙卡改變計算的方式
那麼或許能計算的就不該只是數字而已……
雖然這些也還是構思階段而已……
不！巴貝奇老師！您提了很多很棒的想法！

雖然我也不確定
分析機能做到什麼程度。
但我相信它能做的
絕對超越老師想像！
真的嗎？
我很高興聽妳這麼說呢。
不過同樣的也有
資金與製作問題要面對。
理想很豐滿，
現實很骨感。
總之我需要一些時間，
才能整理出分析機的架構。
謝謝老師！
那我靜候老師
的好消息！

……
♪
明明聽的是同樣東西，反應卻大不相同呢。
看來已經當機了。
愛達都聽得懂嗎？
嗯～還是有些不清楚，畢竟我也沒有參與差分機製作。
但我很佩服巴貝奇老師利用雅卡爾織布機的概念來控制分析機呢。
有空我也來想想分析機可以做什麼事吧。
咦？

1843年 英國 奧克漢
喔喔！是仁傑跟亞琦！
好久不見，請進請進。不好意思，剛好正在忙。
哇，好多東西。
抱歉屋子有點亂，等等我請保姆幫兩位泡茶！
這是愛達的小孩嗎？
是啊，他們是安妮跟瑞夫，還有一位拜倫……
啊！

你們又把文件弄亂了！欠揍啊！
不要！
抱歉，小孩子多了就很難管。
不會，不過愛達在忙什麼？
我在翻譯巴貝奇的分析機論文！
咦？為什麼需要翻譯？
應該說論文不是巴貝奇老師寫的，
是幾年前巴貝奇老師參觀義大利時，向一些工程師介紹分析機的原理，
其中一位工程師梅納布雷亞很感興趣，就把分析機的原理寫成了法文論文。

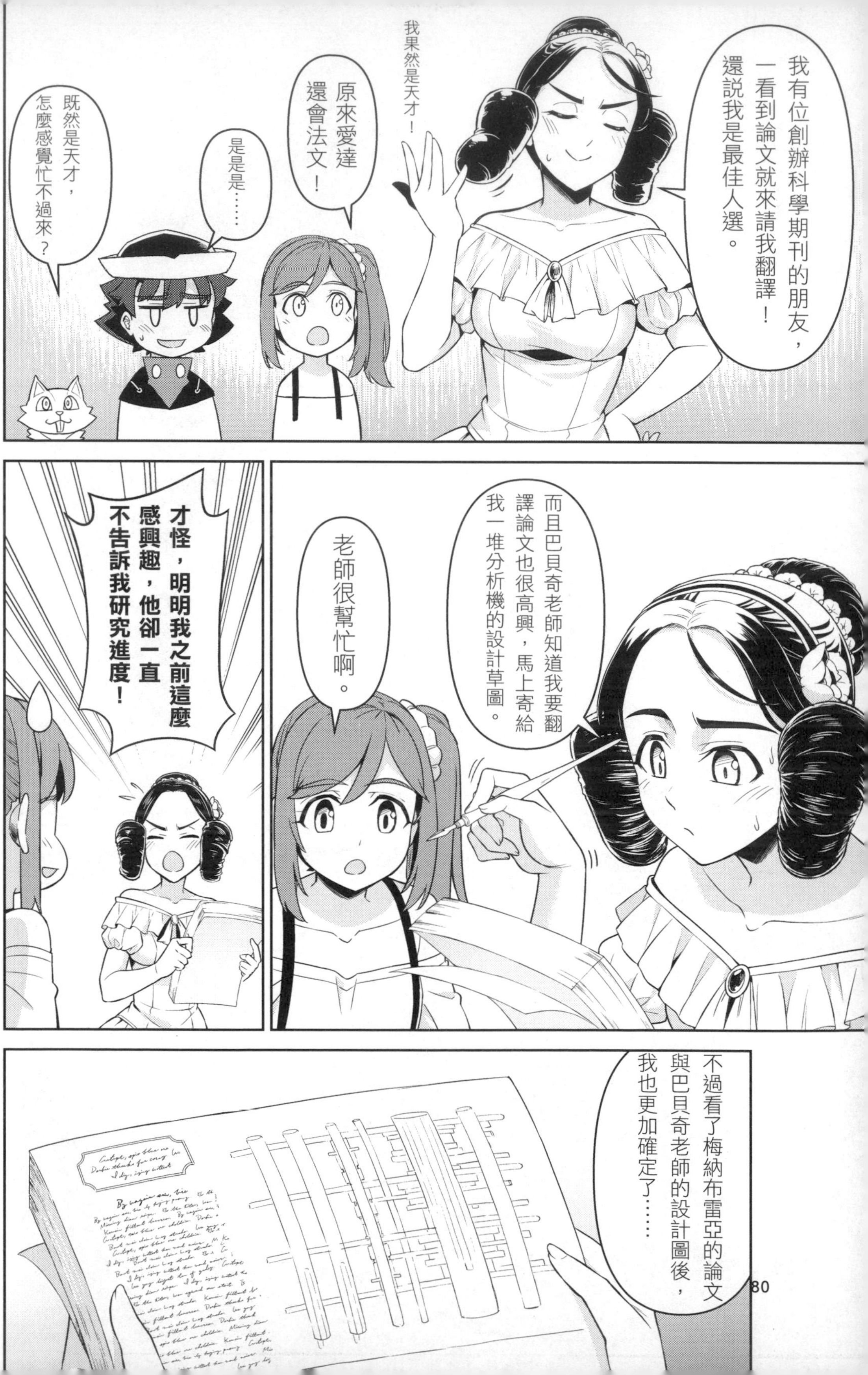
我有位創辦科學期刊的朋友，一看到論文就來請我翻譯！還說我是最佳人選。
我果然是天才！
原來愛達還會法文！
是是是……
既然是天才，怎麼感覺忙不過來？
而且巴貝奇老師知道我要翻譯論文也很高興，馬上寄給我一堆分析機的設計草圖。
老師很幫忙啊。
才怪，明明我之前這麼感興趣，他卻一直不告訴我研究進度！
不過看了梅納布雷亞的論文與巴貝奇老師的設計圖後，我也更加確定了……

分析機能做的絕對不只計算數學多項式。
而是有能力替世界帶來變革！
翻譯這種事太簡單了，本小姐再幫論文補充更多內容吧！這樣才能讓更多人知道這東西有多重要！
要這麼拼嗎！
媽～晚上吃什麼？
別吵！老媽要做大事了！
嗚哇！
……

差分機僅能計算一種函數，
可以說僅為此函數而生，
或是為了巴貝奇的航海表而生。
但分析機恰好相反，
可以視為一種通用機器，
具有計算各種函數的潛力。
而這個潛力正是巴貝奇在機器上引入了雅卡爾織布機的打孔卡概念。
只要有了打孔卡的概念，
分析機不再僅限於
數學計算輸出數字
我以分析機如何產生伯努利數的過程，
來展示前兩個概念。
像是其中一個固定使用的
次要程式，先製作成一組打孔卡；
這樣就可以在需要的時候，
隨時放入分析機中，改變程式。

最後我也將這些數值、計算與操作方式，
整理成一張表格。
這樣後人就可以依據這張圖表，
重複操作機器。

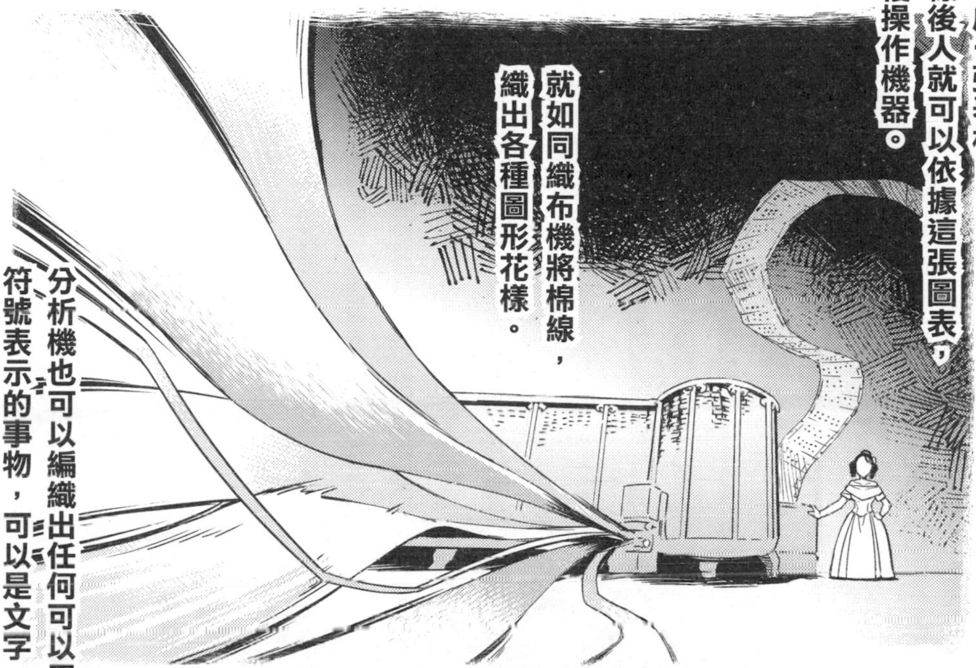
就如同織布機將棉線，
織出各種圖形花樣。

分析機也可以編織出任何可以用
符號表示的事物，可以是文字、
邏輯、音樂、圖像等。

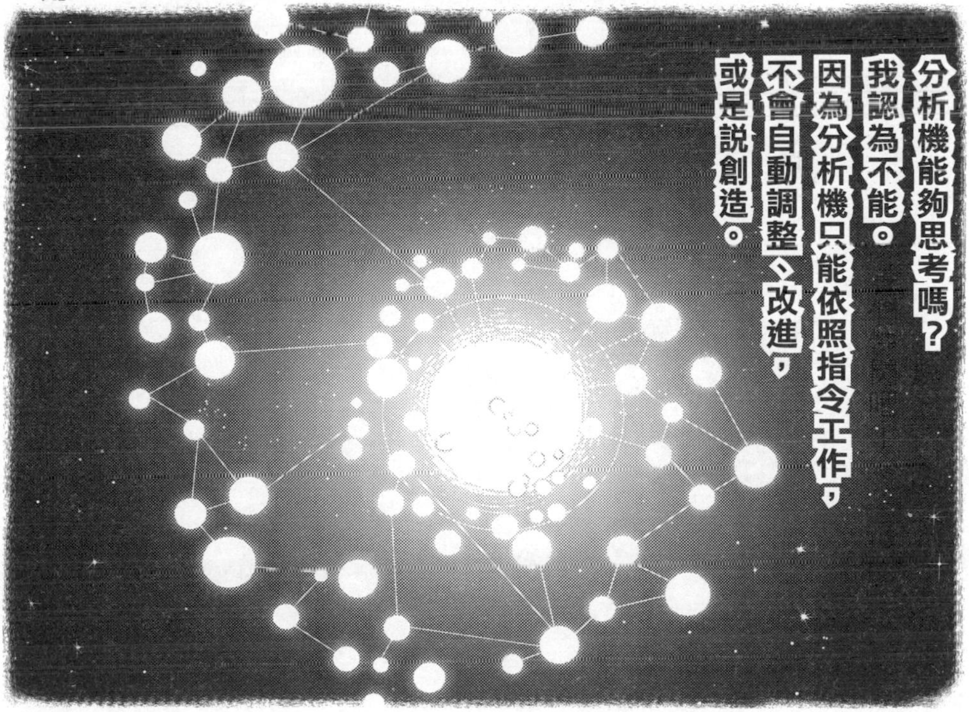
分析機能夠思考嗎？
我認為不能。
因為分析機只能依照指令工作，
不會自動調整、改進，
或是說創造。

數月後
呵呵，雖然還是草稿，
但沒想到這小妮子的文筆真好。
她的想法還真是超乎我的想像，竟然可以想到用分析機做這麼多事情。
我來寫信鼓勵她吧。

太好了！
收到巴貝奇老師的回信了！
他稱讚我評註寫的非常好，還希望我不要再更動！
恭喜啊。
打鐵趁熱！我也趕快回信！
媽媽吃飯！

老師！我還想試著分析白努利數，看能不能編寫成更簡單的公式。
真的嗎？我再寄一些分析機的設計圖給妳！
嗚嗚嗚，白努利數真的好難！
可是我畫的圖表真美 (*`ω´ *)
哈哈，加油呢～期待論文在《科學實錄》發表的那一天！
老師我寫完了！
老師！我到了印刷廠，但我發現評註少了一篇！怎麼回事？
而且你看你不小心塗掉的那段，原本文章順序都錯了！
糟糕，好像稿子帶回家校對後忘了給印刷廠了！
你太粗心了！看你下次怎麼補償我！
真是不好意思，我校對後會再送給印刷廠。

你的文稿我校對完了，非常完美。不過我想寫一篇聲明放在論文前當序言。
當然好啊，有什麼問題嗎？
當年差分機沒有完成，原本出資的政府就把我當成騙子，無法讓我完成分析機，我想擬一份回應政府聲明。
另外我希望我的聲明能夠匿名。
↑↑↓↓←→←→BA
為什麼？這樣別人不就以為聲明是我寫的，我還不想跟政府鬧不愉快啊！
這篇翻譯好歹也是源自於我寫的論文，我應該也有權利出一些意見吧。
這是兩回事啊啊啊啊啊！
妳不同意的話，那翻譯論文也不用刊出了。
你是認真的嗎？我告訴你，我可不是你那個吸引賓客的旋轉人偶！

《科學實錄》編輯部
我已經瞭解兩位爭吵的原因，兩位應該也很清楚為什麼要找你們過來……
我希望在論文發表前可以好好解決這件事。
查理斯・惠特史東
Charles Wheatstone
真是不好意思，愛達小姐，妳的翻譯與評註寫得非常好，
我們也不希望您的作品就這樣埋沒。
如果可以的話，我希望整件事重新來過。
但你這舉動無疑會傷害到愛達，也辜負愛達幫你翻譯論文的好意。
……
巴貝奇先生，我也了解政府停止資助差分機讓你非常不滿……

巴貝奇這麼自私呀。
畢竟差分機與分析機都是巴貝奇的心血，有點私心也是難免的。
不過編輯部都出面了，應該沒事吧。
看來你也了解了，總之我與編輯們討論過，
巴貝奇的聲明會匿名刊登在另一本《哲學雜誌》。
愛達的論文翻譯與評註則會如原訂計畫發表在《科學實錄》。
隨著《科學實錄》刊出愛達的翻譯論文，大家對於巴貝奇的分析機理念感到驚訝。
也對愛達對分析機的未來想像與精湛文筆嘖嘖稱奇。

倫敦
巴貝奇住所
相信各位都看過分析機的論文了。
除了感謝各位捧場，我也要特別感謝這位數字魔女愛達小姐。
她讓我的分析機增添更多可能性。
嘿嘿嘿
知道厲害了吧！以後你都要聽從本魔女的命令！
是的，魔女小姐。
哈哈哈

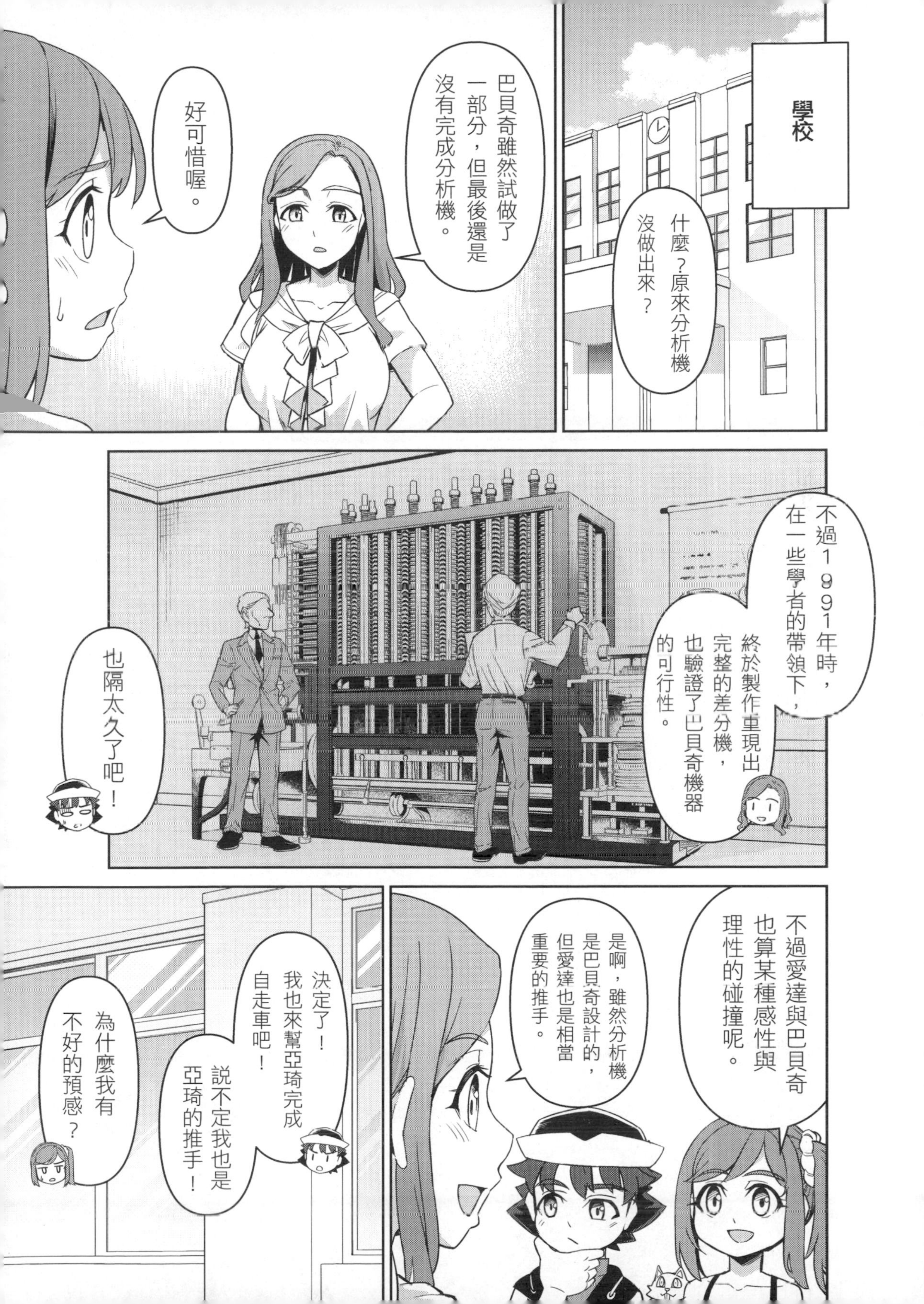
學校
什麼？原來分析機沒做出來？
巴貝奇雖然試做了一部分，但最後還是沒有完成分析機。
好可惜喔。
不過１９９１年時，在一些學者的帶領下，
終於製作重現出完整的差分機，也驗證了巴貝奇機器的可行性。
也隔太久了吧！
不過愛達與巴貝奇也算某種感性與理性的碰撞呢。
是啊，雖然分析機是巴貝奇設計的，但愛達也是相當重要的推手。
決定了！我也來幫亞琦完成自走車吧！
說不定我也是亞琦的推手！
為什麼我有不好的預感？

1
2 3

第四課
無法擺脱的命運枷鎖

1850年
英國 東霍斯利
好大的房子~
愛達又搬家了嗎？
大概是孩子都長大了吧？
為什麼妳老是要做讓我擔心的事？
那你有想過我的感受嗎？
好像來的不是時候……
妳也稍微站在……？

愛達？
不管了！我要出門了！
咦？
抱歉。讓你們看到不好的場面。
你們為什麼要吵架？
是威廉對你不好嗎？
不是……

我一直以為結婚後就可以變得自由……
沒想到完全不是。
平常要照顧三個小孩，母親又找了家教管小孩……還有管我。
我好希望呼吸自由的空氣，只不過總是離我越來越遠。
別沮喪啊~想想愛你的威廉，還有三個可愛的孩子。
威廉和孩子……

威廉確實是個好人……
但我有時覺得自己是不是為了擺脫母親，才跟威廉結婚。
我對威廉的愛，最多就像是我愛小孩一樣，
但是有時又覺得帶小孩是件很煩的事。
也許我只是一位勉強及格的太太和母親吧。
對不起，不小心說讓你們擔心的事。
不會。偶爾發洩一下心情也很好啊。
對了，你們聽過德比嗎？

葉森賽馬場
喔喔！人好多！
原來是賽馬場！
是啊～德比是一年一度的賽馬比賽，是很受歡迎的活動喔。

賽馬……那不就表示可以買彩票？
唉喲～我看你也是很懂喔。
……
那麼有哪些是常勝馬呢？
3yr only
沒有呢，這項賽事特色是只限定三歲的馬參加比賽，所以每年參賽的馬都不一樣
哇！那這樣冠軍就很難猜了。
雖然馬不一樣，但還是可以從訓練馬的馬師與比賽的騎師來推測冠軍喔。
看來要研究的東西還很多呢～
我要買這隻跟這隻。
小姐有眼光喔。
哇！已經在下注了！
仁傑，你覺得哪隻比較有冠軍相？
我喜歡黑色那隻。

⚠ 注意：賭博是不良行為，未成年請勿購買彩票或賭博。

喔喔喔
愛達，你這樣賭博不好吧？
才沒有。
其實我是最近在嘗試用數學，來估算賽馬的勝率。
……
對了！別到處跟人說喔！
是是……
喔喔！我看好的黑馬領先了！

終點就在眼前！
究竟由誰獲勝呢！
冠軍出現了！
由黑色的跳躍者奪得冠軍！
看來數學估算出錯了。
耶！猜對了！

我想數學理論……還是有不少調整空間呢。
果然賭博就是不好的行為。
抱歉……我離開一下。
好痛
好痛
怎麼回事……

肚子為什麼……
為什麼這麼痛…
啊！

數天後 愛達住處
愛達！
請問愛達在嗎？
是你們啊，不好意思……
愛達身體不舒服，不方便……
喂！等等！
！

？
愛達，妳還好嗎？
亞琦、仁傑……
身體好點了嗎？
醫生説是子宮腫瘤，也不知道會不會好？
是喔……

為什麼家裡會有訪客？
威廉，你是怎麼搞的？
是你們啊，事情講完了就快走吧。
母親……請別這樣。
不過兩位很抱歉，我現在身體沒法像以前那樣了。
沒事的話，我也要休息了。
人生果然沒辦法盡如人意呢。
是啊，妳也知道。
妳那放縱的靈魂跟妳父親一模一樣，
現在妳的病痛都是上天的旨意。

要妳為犯下罪行來贖罪。
我不知道您怎麼想，
但這是母親該說的話嗎？
她為了理解差分機拼命吸收新知，還有尋找分析機的可能性做了各種研究，
都是為了讓大家看到分析機的未來，那個用理性與感性編織出的未來啊！

我聽不懂妳在說什麼。
我只知道愛達當初肯聽我，就不會把身體搞成這樣。
謝謝妳，亞琦……
可以的話，我也想要活久一點。
但是……
我寧可擁有五年或十年真正的生活，
也勝過二、三十年毫無靈魂的日子。

送客。
果然始終無法脫離母親的掌控
太慘了。
看來以後很難跟愛達見面了。
我們走吧，亞琦。
嗯。

現代 學校
嘿嘿~我終於完成自走車了喔！
看來我還是很有天份呢。
喔喔！很不錯啊~
亞琦好像認識女科學家後都怪怪的。
循線功能也都正常運作喔！
哇哇！好厲害！
咦？亞琦你做完了自走車呀？
啊~是的！

感覺受到愛達的激勵，不知不覺就完成了。
真的嗎？那太好了。
可是為什麼分析機最後還是沒有完成呢？
主要還是受限於那時代材料的問題呢。
雖然有了分析機的概念，但當時只能用齒輪機械製造，製作成本與計算時間都不符合效益。
直到電容與電子元件等科技出現後，降低生產成本與空間，電腦才開始蓬勃發展。
而愛達雖然沒有參與分析機開發，但她看出分析機可以計算數字以外的可能性。
後來電腦的邏輯結構可以說與巴貝奇的分析機基本類似喔。
説到這個
這麼說想像力果然很重要呢。
妳看！我請老師做了自走車外殼！
有沒有感覺妳的自走車更厲害了！
醜死了！快給我拔掉！
咦？我覺得很可愛啊。
仁傑果然跟某人一模一樣呢。

超科少年 8

——叛逆×程式×計算機——

愛達

Ada Lovelace

漫畫科普系列 008

超科少年

Ada

愛達

漫畫創作｜好面 友善文創 友善文創 Friendly Land
整理撰文｜胡佳伶
責任編輯｜呂育修
封面設計｜我我設計工作室
行銷企劃｜陳詩茵

天下雜誌群創辦人｜殷允芃
董事長兼執行長｜何琦瑜
媒體暨產品事業群
總經理｜游玉雪
副總經理｜林彥傑
總編輯｜林欣靜
行銷總監｜林育菁
版權主任｜何晨瑋、黃微真

出版者｜親子天下股份有限公司
地址｜台北市104建國北路一段96號4樓
電話｜（02）2509-2800　傳真｜（02）2509-2462
網址｜www.parenting.com.tw
讀者服務專線｜（02）2662-0332　週一～週五：09:00~17:30
讀者服務傳真｜（02）2662-6048　客服信箱｜parenting@cw.com.tw
法律顧問｜台英國際商務法律事務所．羅明通律師
製版印刷｜中原造像股份有限公司
總經銷｜大和圖書有限公司　電話：（02）8990-2588

出版日期｜2021年5月第一版第一次印行
2023年7月第一版第二次印行
定價｜350元
書號｜BKKKC174P
ISBN｜978-957-503-985-1(平裝)

國家圖書館出版品預行編目 (CIP) 資料

超科少年. 8 : 愛達 / 好面, 友善文創漫畫 ; 胡佳伶文.
-- 第一版. -- 臺北市 : 親子天下股份有限公司, 2021.05
面 ; 公分. -- (漫畫科普系列)
ISBN 978-957-503-985-1(平裝)

1.愛達(Lovelace, Ada, 1815-1852) 2.科學家 3.傳記 4.漫畫

308.9　110004480

提醒：課程學習標籤僅供參考，以學校或教科書實際教學進度為準。

推薦序

漫迷 vs. 科普知識讀本

文／鄭國威（泛科學網站總編輯）

總有一種文本呈現方式可以把一個人完全勾住，有的人是電影，有的人是小說，而對我來說則是漫畫。不過這一點也不稀奇，跟我一樣愛看漫畫成痴的人，全世界至少也有個幾億人吧，所以用主流娛樂來稱呼漫畫一點也不為過。正在看這篇推薦文的你，想必也是漫畫熱愛者！

漫畫，特別是受日本漫畫影響甚深的臺灣，對這種文本的普及接觸已經超過30年，現在年齡35-45歲的社會中堅，許多都經歷過日漫黃金時代，對漫畫的魅力非常了解，這群人如今或許也為人父母，就跟我一樣。你現在會看到這篇推薦文，要不是你是爸媽本人（XD），不然就是爸媽或長輩買了這本書給你吧。你可能也知道，針對小學階段的科學漫畫其實很多，在超商都會看見，不過都是從韓國代理翻譯進來的，臺灣自己的作品就如同整體漫畫市場一樣，非常稀缺。親子天下策劃這系列《超科少年》，我想也是有感於不能繼續缺席吧。

《超科少年》系列第一波主打包括牛頓、達爾文、法拉第、伽利略等四位，每一位的生平故事跟科學成就都很精彩且重要，推出後也深獲臺灣讀者支持。第二波則推出孟德爾與居禮夫人，趣味跟流暢度我認為更高了。不過既然針對學生階段讀者，用漫畫的形式來說故事，那就讓我這個資深漫迷 X 科學網站總編輯先來給你三個建議：

第一、所有嘗試轉譯與普及科學知識的努力必然都會撞上「不夠嚴謹之牆」。

身為科學傳播從業人士，我每天都在想該如何在科學知識嚴謹性，趣味性跟速度感之間取得平衡，簡單來說就是一直在撞牆啦！儘管如此，我們最歡迎的就是挑剔的讀者了，所以儘管漫畫很好看，但我希望你一定要挑剔，把你不太明白或有疑惑的地方都列出來，問老師、上網、到圖書館，或寫Email給編輯部，把問題搞得水落石出喔！

第二、科學人物史是科學與人文的結合，而儘管《超科少年》系列介紹的科學家都是超傳奇人物，故事早已傳頌，但要記得歷史記載的都只是一部分面向。另外，這些人之所以重要，當然是因為他們提出的科學發現跟見解，如果有空，就全家一起去自然科學博物館或科學教育館逛逛，可以與書中的內容相互印證，會更有趣！

第三、從漫迷的角度來看，《超科少年》的畫技成熟，明顯的日式畫風對臺灣讀者應該很好接受。書中男女主角的性格稍微典型了些，例如男生愛玩負責吐槽，女生認真時常被虧，身為讀者可以試著跳脱這些設定，不用被局限。

我衷心期盼《超科少年》系列能夠獲得眾多年輕讀者的喜愛與指教，也希望親子天下能夠持續與國內漫畫家、科學人、科學傳播專業者合作，打造更多更精彩的知識漫畫。於公，可以替科學傳播領域打好根基；於私，我的女兒跟我也多了可以一起讀的好書。

CHAPTER 1

閃問記者會

ADA LOVELACE

10 個閃問穿越記者會

各位書上的來賓大家好，歡迎來到「10 個閃問穿越記者會」，我是最有採訪邏輯的主持人程式小妹，今天邀請到的來賓很特別喔，是史上第一位程式設計師呢！特別在於她除了是位古靈精怪的美少女；更厲害的是，在電腦還沒發明之前，她就寫出第一個電腦程式！讓我們鼓掌歡迎來賓，人稱「程式設計的謬思女神」的**愛達．勒芙蕾絲！**

OPEN

愛達小姐你好，不好意思讓你從 19 世紀初的英國來到現代接受採訪，因為你在程式設計領域是位夢幻人物。現在全世界可是有兩千多萬從事電腦軟體產業的人，一定要將你這位女神介紹給大家認識認識！

第一個問題相信是很多人心中的疑惑，你怎麼能在一個沒有電腦的時代，想出電腦程式該怎麼運作呢？

呵呵呵～我也沒想到在一百多年後的電腦軟體產業會如此發達，而且還出現妳所說的電腦！或許這些想法來自於我從小就喜歡天馬行空的亂想，外婆過世後也沒人陪我，只好跟我的小貓泡芙聊天，想像爸爸會是個怎樣的人。我還記得 13 歲時，很想要自由的飛翔，結果看了一堆書，還做了一套紙翅膀呢！

想像力果然是人類的超能力！對了，跟愛達小姐報告一下，後來美國軍方為了紀念

你，還用你的名字 Ada 來為他們的程式設計語言命名。接下來想請教，很多人都以「拜倫的女兒」來稱呼你，是否方便談談你的父親？

哎呀！我的名字竟然是種程式語言，真是太榮幸了，謝謝你告訴我這個消息。我的爸爸拜倫是當時英國非常有名的浪漫詩人！但我根本沒親眼看過他，只有長大後才看過他的畫像。從小只要我問媽媽有關爸爸的事情，她就會馬上翻臉，叫我不准再提到爸爸。不過後來我聽到越來越多有關他的事蹟，也感受到我和爸爸非常像，都有著不受約束的自由靈魂。其實我現在就跟我爸爸一起住在天國喔！

哇！聽起來真的有點浪漫（恐怖）。愛達小姐跟爸爸可以說是很有默契，那不知道你和媽媽之間的關係又是如何呢

嗯，就是住在一起的陌生人……。我從出生到過世，都擺脫不了我媽。她控制慾超強，偏偏我又和爸爸一樣渴望自由，這樣的組合是不是最糟糕的那種！其實當年我和威廉結婚時，我只覺得婚姻可能是唯一能逃離她的方法，沒想到即使是結婚了，我媽媽還是不放過我（嘆）。

愛達小姐，真是辛苦了。那可以換談談你和你先生的愛情故事嗎？

呵呵呵，說真的我只是為了擺脫我媽，才隨便找個我媽同意、自己也不討厭的人。當時我媽媽還覺得我終於願意洗心革面！不過我還是很感激我先生，要不是我們結婚，幫忙轉移我媽的注意力，不然我可能會過得更慘。後來我生了三寶，身體變得很不好；他要照顧我，還要應付我媽，也辛苦他了。

說到孩子，不知道愛達小姐是否可以聊聊你的三個小孩呢？

我蠻佩服自己竟然生了三個孩子，但三寶真的讓我應付不來～我雖然很愛他們，但我更愛自由，偏偏這些孩子整天纏著我，讓我綁手綁腳、有夠煩躁，簡直就要把我壓垮。偷偷跟你說，有一次我還差點幫小孩餵錯藥，還好後來平安沒事，呼～

我懂我懂，照顧孩子真的很辛苦。再回到你的曠世鉅作《譯者評註》，當初怎麼會有幫分析機寫評註的想法呢？

剛好我的老師薩默維爾帶我參加一場沙龍晚宴，認識巴貝奇和他的差分機，當時就覺得差分機太酷了～更巧的是後來朋友惠特史東找我幫忙翻譯一篇分析機論文，巴貝奇甚至覺得以我的聰明才智，應該要再寫篇原創論文才對，這才有《譯者評註》的出現。

愛達小姐不愧是才女。不過聽說你跟巴貝奇後來在論文出版時卻出現不愉快？是真的嗎？

雖然我跟巴貝奇是好朋友，但這件事真的是他不對。他隨意修改我的論文就算了，最令人生氣的是他竟然想利用我的名氣，趁機批評英國政府不願贊助他的研究，而且還不願意具名喔，你說這樣是不是很惡劣！甚至還因為計謀沒有得逞而要我撤回論文，真是氣死我了。

巴貝奇這樣真的不對，愛達小姐你大人大量，就別跟他計較了。剛才提到你是因為老師薩默維爾的關係才認識巴貝奇，聽說你和薩默維爾小姐也是好朋友，可以跟我們聊聊她嗎？

薩默維爾老師是很有名的女性數學家和科學家，她不但是我的家教，也像家人那樣照顧我，簡直是比我親媽媽還疼我！不過她心裡卻很傳統，認為女性不可能有研究天分。

愛達小姐這次來到21世紀真的是很難得，不知道妳看到現代電腦的發展，有什麼感想呢？

真的是令我大開眼界！我覺得這個年代和我所處的工業革命時代有點像，我們那時候有蒸汽機、織布機、火車；你們則是處在一個有電腦、網路、物聯網的資訊革命時代。但有件事超乎想像，我當初認為分析機完全沒有創造的能力，但聽說現在你們還有人工智慧、機器學習，這表示它還能夠自我進化，真是太厲害了！

最後請問愛達小姐有沒有什麼心得或建議，可以分享給我們這個時代想要進入科學界的小朋友呢？

其實我覺得自己只是小聰明特別多，哈哈哈！我想鼓勵大家要有熱情追求自己所愛的事物，人生真的一下子就過了！真正能夠活得隨心所欲、追求所愛的日子並不多，你們可要好好珍惜能夠全心追求夢想的時間。

非常感謝愛達小姐今天不辭辛勞來到這裡，跟我們分享你的想法，穿越的時間實在有限，若是大家還有疑問，不妨仔細找找這本書，一定可以解答你的疑問喔！再度感謝這位程式設計女神愛達·勒芙蕾絲。閃問穿越記者會，我們下次見！

Avant-garde techniques, power and daring at a Montreal festival

CHAPTER 2

讚讚劇場

ADA LOVELACE

當浪漫詩人遇上平行四邊形公主

OPEN

浪漫放蕩的爸爸

愛達・勒芙蕾絲（Ada Lovelace）和我們想像的科學家不一樣，既不是那種天資聰穎、家中富有讀書氣氛，也不是從小苦讀、對科學充滿興趣的人。反而她體內的浪漫與理性總是碰撞，出生的家庭也一點都稱不上幸福。這都源自於她的爸媽是一對不可思議的組合。

愛達的父親是英國著名的傳奇詩人拜倫（Byron），他不僅是個文青，也是個憤青。拜倫在劍橋大學主修文學和歷史，除了熱愛閱讀，也開始創作詩歌；其詩集處女作《懶散的時刻》，除了敘述對現實生活的不滿，詩裡也表達對貴族生活的厭倦和鄙視。

拜倫在大學畢業後出國壯遊，這趟壯遊不僅豐富人生經歷，也成為日後創作的絕佳題材。他在 22 歲出版了史詩《恰爾德・哈羅德遊記》（Childe Harold's Pilgrimage），讓俊美迷人又迷惘憂鬱的拜倫一夕之間爆紅，成為倫敦文學界的當紅炸子雞，從早到晚不停的參加宴會。

個性放蕩不羈的拜倫在四處留情之際，偶然在豪華舞會中認識了暱稱「安娜貝拉」的安妮・伊莎貝拉・米爾班（Anne Isabella Milbanke），她的家世尊爵不凡，而且非常富有。

理性規矩的媽媽

安娜貝拉從小就是個冰雪聰明的孩子，她的爸媽聘請劍橋的退休教授擔任家庭教師，在所有的科目中，她的數學特別厲害，還被拜倫暱稱為「平行四邊形公主」。才 19 歲的安娜貝拉是位信仰虔誠、生活保守的名門千金，她在宴會前一晚，正好讀了《恰爾德．哈羅德遊記》，認為拜倫太過虛偽；但安娜貝拉還是對他充滿好奇，想辦法透過正式介紹認識拜倫。

這時拜倫不論是財產還是情史都負債累累，想要翻身的唯一方法，就是找個富有的女繼承人結婚，而安娜貝拉就是絕佳人選。拜倫的理智戰勝了浪漫，相信安娜貝拉能讓他恢復理性、結束放縱的生活，更重要的是協助他償還債務。拜倫有點言不由衷的寫信向安娜貝拉求婚，但嚴謹保守的她斷然拒絕。

▲ 20 歲的安娜貝拉，個性保守拘謹，沒想到竟引起拜倫的注目。

沒想到，安娜貝拉後來卻認真考慮拜倫的第二次求婚，甚至認為她能藉由婚姻來改造拜倫的性格。因此，拜倫和安娜貝拉在 1815 年 1 月成婚。然而，拜倫並沒有想像中那麼容易改變，婚後不但沒有因為家庭的關係而變成乖寶寶，反而變本加厲，酗酒、欠債等惡習不改，還經常拿妻子出氣，導致他們的婚姻逐漸出現裂痕。

就在這對夫妻漸行漸遠之際，拜倫以安娜貝拉鍾愛的數學描述他們兩人之間的關係：「我們是兩條並排向前，無盡延伸的平行線，從無交會的一天。」

小小愛達，讓數學來解救詩意吧！

OPEN

你我從此恩斷義絕

安娜貝拉在 1815 年 12 月 10 日生下了小小的愛達，但這位小公主的出生仍然挽救不了這段充滿矛盾的婚姻。拜倫以深愛的同父異母姊姊之名，將女兒取名為奧嘉絲塔・愛達・拜倫；但安娜貝拉僅只用「愛達」來稱呼她的女兒。五個星期後，安娜貝拉再也無法忍受拜倫的瘋狂，她打包行李，對拜倫說她隔天就要帶著愛達回娘家。拜倫問她：「那我們一家三口何時能再相聚呢？」安娜貝拉冷冷回答：「死掉之前吧。」

愛達真的從此再也沒見過爸爸。在那個年代，不管以社會風氣或宗教法律來看，女性主動提出離婚可不是件小事。女人絕對不能拋棄丈夫，子女的監護權當然屬於父親，但唯一的例外是證明父親對小孩有不良影響。因此，安娜貝拉想盡辦法收集證據，證明拜倫那浪蕩的價值觀，絕對不是一位好父親。

此時，曾與拜倫傳出戀情的卡洛林竟主動聯絡安娜貝拉，氣憤的透露拜倫曾經自己承認與姊姊奧嘉絲塔有亂倫之愛，更在中學時期與同性縱情性愛——這種行為在當時的法律可是重罪。

沒過多久，這樁貴族的家務事成了各家報紙的熱門八卦。拜倫企圖以詩作喊話，甚至利用骨肉博取同情。然而輿論一面倒，幾乎所有報社都在痛罵拜倫；但他根本不在乎，繼續開趴喝酒，還傳出另一樁私生子緋聞。雖然如此，拜倫的內心似乎仍牽掛著愛達，他寫信請奧嘉絲塔隨時告知愛達的狀況，也寫

了最後一封信給安娜貝拉，並在信中附上一枚給愛達留作紀念的戒指。

在離婚八卦之餘，大家也很好奇這對怨偶，會生下什麼樣的小孩？於是母女所到之處，擠滿了想爭睹愛達的人。但安娜貝拉並不在意，因為有錢就是任性的她開始四處旅遊度假，而愛達就丟給深愛孫女的外婆，和一大群的保母作伴。

其實安娜貝拉在懷孕時就下定決心，絕不對即將出生的孩子產生任何感情。她自認是個違反常理的母親，她寫信給母親說：「雖然我百般不願，但我還是聽妳的話跟『它』説話。如果你願意照顧『它』，我會非常高興。」信中的「它」就是女兒愛達。她在玩樂之際，不忘寫信回家探問愛達近況，而且信封上還特別加註要媽媽把這些信件收好，以備將來有需要證明安娜貝拉對女兒的關愛時，能夠作為證據。

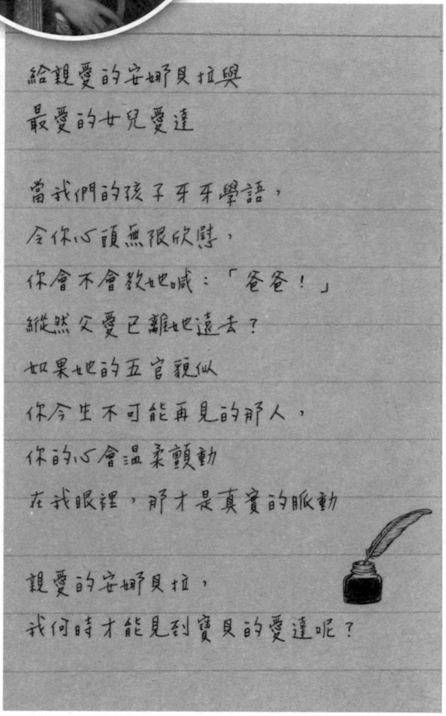
給親愛的安娜貝拉與
最愛的女兒愛達

當我們的孩子牙牙學語，
令你心頭無限欣慰，
你會不會教她喊：「爸爸！」
縱然父愛已離她遠去？
如果她的五官貌似
你今生不可能再見的那人，
你的心會溫柔顫動
在我眼裡，那才是真實的脈動

親愛的安娜貝拉，
我何時才能見到寶貝的愛達呢？

聽媽媽的話～

安娜貝拉最關心的還是愛達的道德觀，在嚴守紀律、毫不鬆懈的監督下，讓愛達成為自制、守規矩的乖寶寶。最重要的是全力壓制她的想像力，拔除女兒身上「來自拜倫的劣根性」，絕不能讓愛達的思想變得像她爸一樣奔放。畢竟天馬行空的想像力就像是毒蛇猛獸一樣，造就拜倫沒完沒了的荒誕。

因此，愛達學習的科目以數理為主，絕對不准寫詩！但愛達在上課時總是像毛毛蟲一樣蠕動、分心，家教為了控制她，設計了獎勵券制度，表現好就有好寶寶獎章，表現不好就要沒收；再不乖就會體罰，把她鎖在小房間、躺在木板上不准動，或是在她的雙手綁上重物。但愛達越來越不受控，有一次被罰站時還把木頭圍欄咬下一口作為抗議。

安娜貝拉自認自制力異於常人，是女性美德的最佳典範；但看到女兒對堪稱美德和聖潔典範的母親沒有一絲效法的孺慕之情，卻逐漸萌現拜倫的性情基因時，真讓她不寒而慄。

在愛達七歲那年，唯一真心關愛她的外婆過世，這讓愛達完全成了一座孤島。她沒有爸爸、媽媽總是不在身邊，現在又失去親愛的外婆；媽媽還不准她和當地居民有任何接觸。至於那偶爾見面、討人喜歡的奧嘉絲塔姑姑，也是媽媽眼中的危險人物。自己身邊的只有家庭教師、幾位僕人，和一群安娜貝拉的好友——被派來就近監視避免愛達變壞。愛達背地裡叫她們「妖婆」，抱怨她們總是無事生非、挑撥離間。

「真」無法再相見

拜倫在歐陸漂泊期間，不斷問起愛達近況。「我的小女兒很有想像力嗎？……她熱情嗎？我希望神賜給她除了詩情之外的一切，家族中有我這麼一個傻子就夠了。」安娜貝拉在回信時附上愛達的畫像，讓拜倫知道父女長得很像，拜倫高

興的拿著畫像在軍營裡四處炫耀。

浪跡天涯的拜倫在愛達九歲那年，於希臘獨立戰爭中病死。據説他在死前還呼喊著，想見女兒一面。愛達聽到爸爸過世的消息後忍不住哭了，但安娜貝拉認為眼淚是為她而流，畢竟愛達對爸爸一無所知，不可能有任何感情。

愛達的數理天分逐漸萌芽，她對機械學充滿興趣。在 13 歲那年開始渴望翱翔天際，她研究鳥類生理解剖學，嘗試不同的材質，測量支撐人體所需的比例，設計出一套紙翅膀，用鐵絲固定綁在肩頭上；更計畫寫一本《飛行學》的書籍，探索動力飛行的可能性。

但這些天馬行空的奇想在愛達 14 歲那年就嘎然而止，愛達因為麻疹發作而全身癱瘓幾乎全盲，在床上休養了將近一年之久。久病臥床讓愛達充滿挫折，隨著健康逐漸恢復，她也越來越無法忍受如影隨形的孤獨和壓迫感。她力圖反抗，想打破這平靜到讓人害怕的生活。

在 17 歲那年，愛達與家庭教師墜入情網，被逮到後，這位教師遭掃地出門。愛達之所以離家出走與老師私奔，真相是好想逃離那群妖婆、説教、賞罰券……。安娜貝拉千方百計要消滅女兒的熱情奔放、獨立自主，但愛達終究和她爸爸拜倫一樣，有著不受約束的自由靈魂。

▼深愛女兒的拜倫，在死前依然對她的愛達念念不忘。

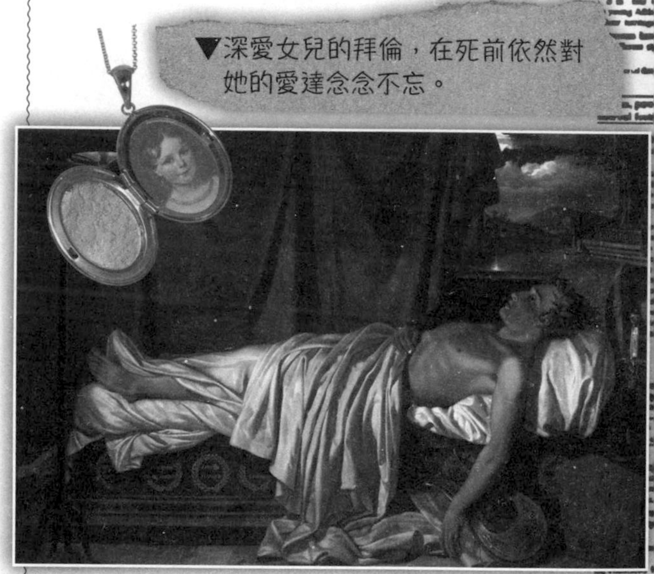

時尚的科學與差分機

OPEN

初遇貴人

重回牢籠的愛達被逼著反省思過，安娜貝拉不但增派了「妖婆」部隊就近看管，還找了一位金恩醫生來協助愛達改邪歸正。他常常把愛達抓來一邊散步、一邊分析她的行為有多麼不對，這對愛達來說真是難以忍受的酷刑。

另外，安娜貝拉很著急，因為 18 歲的愛達即將邁入英國貴族的社交圈，要是愛達存心搗蛋，那可是會危及她的聖潔好媽媽地位！還好愛達的表現算是中規中矩，大夥對這位「英國最有名詩人的女兒」和「富有的拜倫夫人繼承人」注目有加。

當時有位野心勃勃的年輕男士查爾斯大膽對愛達展開追求，安娜貝拉覺得苗頭不對、出手干預，讓愛達相當不滿向母親抗議。但沒想到安娜貝拉的眼光相當精準，查爾斯根本是個無賴。愛達知道後，不禁懷疑自己的判斷力，於是聽從金恩醫生的勸告，致力鑽研充滿了秩序和理性的數學，這樣才能勒住她過於豐沛的想像力和感情。

愛達投入數學懷抱，也因此認識了瑪麗．費爾法克斯．薩默維爾（Mary Fairfax Somerville）。當時的薩默維爾已經是知名女性科學家，她的劃時代巨著《論各物質科學間的關聯》連結了當時各門科學學科的重要發展，提供統一的見解，成為 19 世紀最暢銷的科學書籍之一，直到 20 世紀初都被當做教科書使用。

這本書收錄了幾張她觀測到天王星運動軌道異常的圖表，激發了英國天文學家約翰．亞當斯（John Couch Adams）發現海王星的靈感。但過分謙虛的她總是覺得自己沒那麼好，甚至認為女生不可能那麼厲害。

但才剛踏入生命軌道的愛達絲毫不這麼想，她的光芒毫不遮掩的四處閃耀。薩默維爾與愛達亦師亦友，她相當寵愛求知若渴、多才多藝的愛達，經常送她數學書籍，設計數學問題給愛達破解，還帶著她參加熱鬧有趣的沙龍。

巴貝奇的科學沙龍

當時 42 歲的倫敦社交圈名人兼數學家查爾斯．巴貝奇（Charles Babbage）會在每週三晚間固定舉辦沙龍，吸引上百位文豪、哲學家、政治家、科學家、音樂家、畫家等名流紳士參加。他們跳舞、遊戲、聆聽演講，品嘗美食。天文學家架好望遠鏡讓大家欣賞天體，研究人員則展示發明，堪稱當時的藝文科學中心。

巴貝奇想要打造出一種自動計算機器，來進行困難的數學計算，於是他改進法國數學家普羅尼（Gaspard de Prony）提出的構想。普羅尼為了製作對數表和三角函數表，把計算過程分解為只有加減運算的簡單步驟，讓數學不太好的勞工也能執行簡單的計算，然後提供答案給下一組人，製作出複雜的表格。

▲當時的沙龍集結了社交名流與學者，可說是藝文科學中心。

巴貝奇想：「如果可以使用蒸汽機代替人工完成這些運算，那豈不是太好了。」他設計了一種機器可以將計算的過程機械化，並為機器取名為「差分機」。不管是任何多項式函數，都能透過差分機計算，並且直接印出成表格。英國政府非常欣賞他的發明，給了他一筆 1700 英鎊的基金，後來又陸續增加到一萬七千多英鎊，這在當時可是足以打造兩艘軍艦的鉅款！

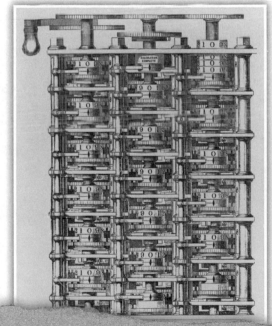

▲ 巴貝奇對於差分機有著很大的野心，希望能代替人類解決所有的數學問題。

在巴貝奇所舉辦的沙龍中，聚會的焦點就是欣賞他精心打造的差分機，可惜賓客們似乎都對隔壁房間內會自動旋轉跳舞的銀色舞孃比較感興趣。但愛達是個例外，愛達看到差分機蘊含的潛力，對機器展現了高度的熱情，纏著巴貝奇要機器設計圖，企圖了解它的運作構造和可能用途。

在愛達 19 歲那年，安娜貝拉帶著她到英國中部的工業區旅行，愛達親眼見識到工業革命帶來的新工廠和機器後，對新潮的工業發展燃起濃厚興趣，她印象最深刻的是能利用打孔卡指揮機器創造不同花樣的自動織布機，讓她想起巴貝奇和他的機械珍品。

▲ 英國工業革命，透過蒸氣機動力替代人力，驅動紡紗機運作。

婚姻是自由的出口？！

愛達的狂熱讓金恩醫生不禁開始擔心，這表示她對數學的鑽研並沒有達到預期的麻醉效果。他的憂心並非全無道理，因為愛達有次在薩默維爾家作客時神經疾病發作，薩默維爾還寫了一封信給安娜貝拉表達她的焦慮。

在那之後，安娜貝拉把愛達帶離倫敦養病，更派了她的好姊妹隨伺在側，監督愛達的復原情形。在那個年代，要重啟人生最好的方法就是結婚生子。薩默維爾的兒子華倫佐比愛達大了10歲，儼然是愛達的大哥哥，他相當關心愛達並開始布局，想要看看是否能為愛達與他的劍橋老同學牽起紅線。

比愛達大了11歲的威廉．金恩（William King）是華倫佐的同學，他家境富裕，和愛達一樣熱愛科學。沉默寡言的他比愛達務實多了，主要研究農作物輪作和動物飼養技術，華倫佐認為威廉個性或許可以為這位過於浪漫活潑的女孩提供堅實的依靠。1835年6月，威廉在認識愛達幾天後，就向她求婚，愛達也毫不猶豫點頭答應，他們馬上訂在七月舉行婚禮。

安娜貝拉欣喜若狂，這麼一個有錢、有地位、沒有不良紀錄的男士，竟然會對她女兒有興趣，認為叛逆難馴的愛達終於決定順從媽媽的意願。但其實對愛達來說，婚姻是她唯一能逃離媽媽和那群妖婆的手段，她只希望嫁給一個媽媽同意，又不至於對他造成傷害的男人。

而對威廉這位雄心壯志的貴族來說，這樁婚姻可相當划算，愛達漂亮又聰明，還讓他繼承了大筆的財富和人脈地位。但愛達反倒有些意興闌珊又漫不經心，她最強烈的感受或許是感激，因為要不是他的求婚，她恐怕得被禁錮在安娜貝拉的掌心多年，直到老死。

步入婚姻，成為三寶媽

OPEN

眾人滿意的婚姻

威廉與愛達的婚約讓每個人都滿意。威廉有了出身名門、古靈精怪的有趣妻子；愛達有了穩當可靠的丈夫，有機會過比較踏實的生活，更重要的是能夠逃離安娜貝拉霸道的掌控。安娜貝拉也得到一個比女兒還更聽話的女婿，可以接手照顧任性女兒的重擔。

結婚的消息傳開後，賀函如雪片般飛來，甚至連國王殿下都捎來祝賀短信。而愛達也接到了一封特別的長信，是由金恩醫生的太太寫來的，信中細數：「要對金恩醫生的道德教誨感激涕零；要誠懇悔過與家庭教師犯下的罪行；要對丈夫毫無隱瞞，不能再對聖人般的媽媽有所隱瞞；要向丈夫施展女性魅力，但對其他人則要謹守規矩。揮別過去古怪無常、自私自利的愛達．拜倫！要下定決心，當個為他人而活的愛達．金恩。」

面對這封讓人白眼翻到後腦勺的信函，愛達竟然禮貌並感激的回信——這至少證明自己能控制情緒。自出生以來，所有人都要她否定爸爸，而她終於可以擺脫拜倫這個姓氏、活出自己的人生。

安娜貝拉擬了一份複雜的婚姻協議，將大筆產業和嫁妝送給女婿。不過錢可沒有白拿的道理，威廉既然接受了，也就表示將來要有

遵從丈母娘的義務。愛達所有的財產也由威廉管理，依照安娜貝拉的條款，她只能每年領取零用金。

婚禮在 1835 年 7 月舉辦，媒體焦點全都在愛達的爸爸和財富。20 歲的愛達在喧囂中靜靜脫掉爸爸的姓，從「愛達．拜倫」成為「愛達．金恩」。婚禮過後，他們前往威廉的鄉間領地度蜜月，有時騎馬深入山林，或是沿著海邊漫步。

熱愛房屋裝潢的威廉為新婚妻子將房子布置得美輪美奐，愛達一進門就興奮的東探西望，她在屋裡找到一個好大的圖書室，堆滿了偉大作家的作品，書堆裡也有拜倫的著作，這是愛達第一次在無人監看之下接觸父親的作品，她在《恰爾德．哈羅德遊記》第三章首頁上看到了自己的名字，她忍不住跟著輕吟。

▲《恰爾德．哈羅德遊記》的初版封面，是拜倫的成名作，以長篇敘事詩，歌頌自由。

愛達！我的家門和我心上唯一的愛女！
……
可愛的孩子，你的臉可像你媽媽？
上次相見，你天真的藍眼珠含著笑，
我的家庭和心靈的獨生女，愛達！
……
我的愛女！這首歌以你的名字起始——
我的愛女！這一切也以你的名字終結——
我見不到你，聽不到你——可是無人
和你交纏更甚，你是
我悠長歲月的陰霾友伴，
雖然你永遠不該見到我的眉宇，
我的音容總會混融在你的未來景象裡，
並且進入你的心……

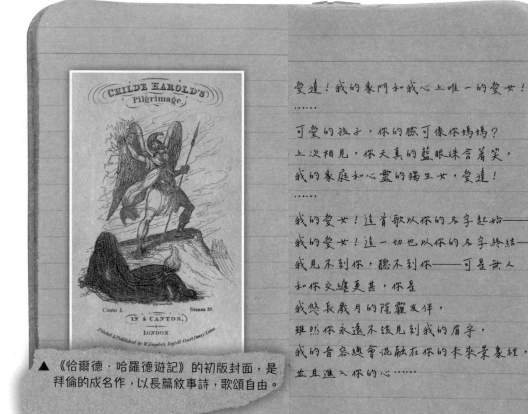

重新陷入另一個枷鎖

蜜月過後，愛達和威廉回到奧克漢的新居，安娜貝拉也跟了過來，後來又找了金恩醫生入住監視。不久之後，愛達發現婚姻不但無法讓她逃離安娜貝拉，反而將她綁得更緊。安娜貝拉對愛達的態度大逆轉，對人生重開機的女兒滿溢母愛，不斷耳提面命，教她要如何處理家務、取悅丈夫，甚至開始將她從奧嘉絲塔手上得到的拜倫物件轉交給愛達。

過去每當愛達提到她的姓氏，換來的往往是冰霜般的沉默或是雷電般的怒火，現在她竟然能夠擁有爸爸用過的筆和墨水台。那年聖誕節，安娜貝拉送來的禮物，是當年在外婆家被厚布遮住的神祕肖像畫。她輕輕揭開布幔，親眼看到真人大小的拜倫身穿傳統阿爾巴尼亞服飾，披著紅色的天鵝絨外套，凝視遠方。

▲才 25 歲的愛達，已經是三個孩子的媽媽。

邁入新婚生活的愛達善盡人妻之責，那年秋天，她懷了身孕，安娜貝拉提醒愛達孕期即將帶來身體不適和憂鬱。仕途邁向高峰的威廉並沒有陪伴在懷有身孕的愛達身旁，先自行返回領地參加國民軍團的策略謀劃。百般無聊的愛達在此時初嘗賭博滋味，寫信向威廉坦承她輸了四先令。但威廉相當縱容愛達，因為比起他和愛達的婚姻，他更在意與丈母娘之間的關係。

愛達生下一名小男孩，該為他取什麼名字呢？安娜貝拉的建議令人出乎意料，竟然是那個禁忌中的名字「拜倫」（後來小拜倫果然讓愛達又喜歡又頭痛）。隔年生下女孩，取名為安娜貝拉，以示對母親的尊敬。沒過多久，第三個兒子誕生，取名為瑞夫（Ralph）。

憂鬱的三寶媽

此時威廉因為安娜貝拉的人脈，受封為勒芙蕾絲伯爵，愛達也因此成為勒芙蕾絲伯爵夫人。在這之後，威廉更加積極運作，成為皇家學會一員，努力提升自己的官職地位。安娜貝拉更加喜愛這位她暱稱為「最親愛兒子」的女婿，愛達甚至覺得自己被冷落一旁。

愛達從霍亂康復後的身體仍然相當虛弱，醫生的鴉片治療讓病情變得複雜，她的情緒常常劇烈擺盪，有時還出現妄想。三寶媽愛達發現自己雖然愛孩子，但這些孩子也讓她綁手綁腳 、 失去自由。這些處境跟安娜貝拉過去對她的限制沒有不同，她越來越應付不來現實中的枝微末節。

焦躁不安的愛達為了安頓身心，決定再度研習數學。她開始尋找數學家庭教師，想起了八年前沙龍上的巴貝奇，寫信給巴貝奇：

「我的學習方式比較特別，因此我認為得要找個夠特別的人才能教導我。……你可別認為我太自大，但我相信自己一直都有些天分。」

但對愛達來說，她自認的天分是煩惱而不是恩賜，這讓她無法忍受丈夫和小孩在身邊絮絮叨叨，一心只想逃離。巴貝奇沒有答應愛達的要求，愛達經過了好幾個月的尋尋覓覓，終於找到一位頗富聲望的數學老師：笛摩根（Augustus De Morgan）。

這時的安娜貝拉正忙著處理家族醜聞，拜倫的私生女梅朵拉找上門來討錢。安娜貝拉不得不向愛達透露，原本以為會對愛達造成天大打擊，沒想到愛達非但不感到驚訝，反而認為自己果然遺傳了父親的自由精神，而感到振奮不已。她決定要善用這份遭父親誤用的天分，來發掘偉大的真理和定律。用科學拯救自己、也為父親贖罪。

巴貝奇，你現在在幹嘛？

OPEN

機械計算機的前輩們

多年來，許多人都曾經嘗試打造能輔助人類計算的機器。法國數學家巴斯卡（Blaise Pascal）在1640年代，為了替擔任稅務官的爸爸分憂解勞，製作了能做加減運算的機械計算機。

數十年後，德國的大數學家萊布尼茲（Gottfried W. Leibniz）改良了巴斯卡的加法器，發明又稱「萊布尼茲輪」（Leibniz Wheel）的「步進滾筒」(stepped drum)，是能做完整四則運算的「步進計算器」。

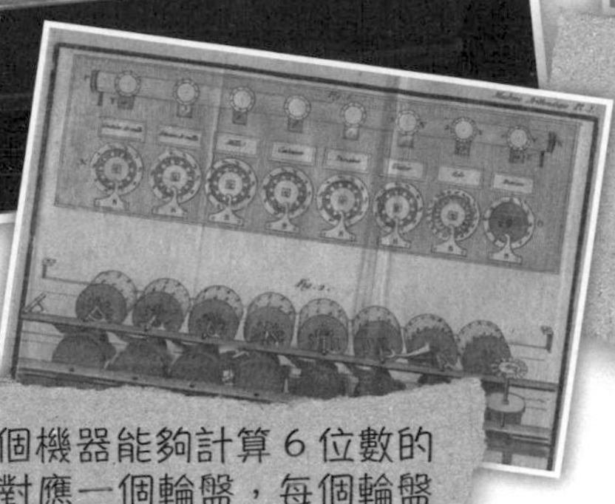

▲ 巴斯卡計算器：這個機器能夠計算 6 位數的加減法，每個位數對應一個輪盤，每個輪盤周圍有 1-9 的數字，透過轉動輪盤和機構，進行加減法。

▲ 萊布尼茲的步進計算器：步進滾筒套在可以右移動的轉軸上，用來控制齒輪轉動的次數看乘數的個位數多少就轉幾圈；然後往左移動乘數的十位數多少就轉幾圈；接著百位、千也都是如此。這麼一來就能完成複雜的乘法。

1791 年，法國數學家普羅尼奉命製作全新的三角函數表和對數表，這麼浩大的工程可是要一堆數學家算到天荒地老才有可能完成。還好他想到了蘇格蘭經濟學家亞當．史密斯（Adam Smith）的《國富論》（The Wealth of Nations），書中提到大頭針工廠的製造過程有許多步驟。與其讓每個工人從頭到尾一手完成一根大頭針，不如讓每個工人只專注於其中一項製程，更能大幅提升生產效率，這也就是「生產線」的概念。

普羅尼將這個概念，套用在原本極為複雜的計算工作上，大致拆解成三個階段：最困難的第一階段需要五、六位數學家幫忙轉換數學方程式，第二階段則是透過七、八位數學嫻熟的學生負責做出計算工作表，第三階段的數字計算工作最多也最簡單，六十到八十位會作加法的一般人就能完成。於是普羅尼就用這種方法，在短短三年內完成多達十七冊的數值表，可惜後來卻沒有派上用場，只能收藏在法國科學院的圖書館內等待有緣人。

奉命製作「全新」的三角函數表和對數表！？

法國大革命時，除了推翻君主宗教的封建制度，也革新許多度量衡規定，企圖都以十進位當作基準，所以像是原本時間的六十進位，也都改成 1 小時 100 分鐘、一分鐘 100 秒。不僅如此，連同圓周角度 360 度，也被更改成 400 度。因此，和角度有關的三角函數都需要重新計算了。

差分機與它的兄弟們

這一等就是 23 年。在 1816 年獲選為英國皇家學會院士的巴貝奇已經好幾年都找不到工作，他和好友約翰．赫歇爾（John Herschel）造訪巴黎的法國科學院，不但認識了拉普拉斯、傅立葉等大數學家，還參觀院內的大量收藏品，其中普羅尼的十七冊數值表讓巴貝奇眼睛發亮，更對它們的製作方式大為驚嘆。

他們在回國後第二年決定成立天文學會，修訂《航海天文年鑑》，卻發現計算結果常常出錯。巴貝奇想起了在法國科學院見到的巴斯卡計算機，他知道如何利用齒輪相加進位，還有那十七本厚厚的數值表，他想：「或許可以像普羅尼一樣用差分法分解函數，再交給機器不斷累加就行了……」

差分機的計算原理

想要算出數字的平方數，剛開始還很簡單，但隨著數字變大，計算也越難。但巴貝奇的想法讓這件事變簡單。

A 欄是左側數字的平方數，B 欄則是 A 欄兩兩數字相減。C 欄又是 B 欄兩兩數字相減，結果竟然都是 2！

因此，機器只要把 B 欄的最後一個數字加 2，就可以得到下一個數字，接著加回 A 欄的最後一個數字，就可以得到平方數！

試試看，用這個方法算出 13 的平方數。

	A	B	C
1	1		
2	4	3	
3	9	5	2
4	16	7	2
5	25	9	2
6	36	11	2
7	49	13	2
8	64	15	2
9	81	17	2
10	100	19	2
11	121	21	2
12	144	23	2
13	?	?	2

這個聰明的想法造就了由直軸和連接齒輪的數值圓盤組成的「差分機」，轉動齒輪時就能把某個數值與鄰軸圓盤上的數值相加或相減，還能把計算結果暫時「儲存」在另一個軸上。

巴貝奇為了尋求贊助，他向英國政府強調只有擁有正確的對數表與三角函數表，才能成為稱霸海權與工業時代的強權。差分機不但能迅速計算正確，還能直接印成表格。英國政府挹注足以打造兩艘軍艦的鉅款開發，卻沒想到差分機的零件打造問題重重，巴貝奇花了十年，卻只完成成品的七分之一！

更誇張的是，巴貝奇竟然決定放棄這臺七分之一的成品，決定要開發更厲害的「差分機 2.0」——「分析機」。因為他認為差分機在計算時，需要把得到的數字留在機器上，這很浪費時間。如果能另外有個倉庫儲存計算過程中的數字，運作的效率就會更好。一旦將儲存數字的記憶元件和執行運算的計算元件分離，分析機就可以執行任何計算！分析機能在完成一項工作後，轉而執行其他工作，甚至能根據中間的計算結果，自行改變工作項目。

▲這臺僅有七分之一成品的差分機，就花了兩艘軍艦的建造費，最後巴貝奇竟然自己放棄不做。

▲複刻版分析機。巴貝奇日益膨脹的野心，並未隨著經費短缺而消逝，第一代差分機還沒有製作完，就改向製作更厲害的分析機。

向織布機拜師寫程式

但是要怎麼讓分析機切換到不同的運算模式呢？巴貝奇原本想到的是類似音樂盒內控制旋律的鼓輪，只要更換不同的鼓輪，就能讓機器切換到不同的運算模式，但分析機的元件已經太複雜了，要更換其中一個零件談何容易。巴貝奇抓破了頭想了兩年，終於從雅卡爾（Joseph Marie Jacquard）的織布機獲得靈感。

▲音樂盒內有個布滿凸點鼓輪，透過凸點的位置，撥動金屬片產生聲音。

雅卡爾的織布機是何方神聖？原來以往在織提花布時，得要靠人工用勾針挑起特定的經紗，再用桿子把緯線推至經紗下面，非常耗時費工。雅卡爾在1805年發表的自動織布機，則是利用打孔卡來控制織布流程。如果卡片上有洞，那麼勾針就會穿過洞而不提起經紗，卡片上沒有洞的部分才會推動勾針提起經紗，這麼一來就可以自動編織出複雜精緻的圖案。

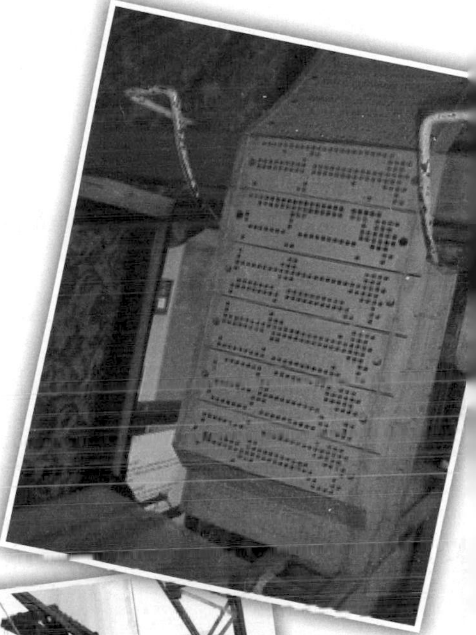

▲透過一片片打孔卡，雅卡爾織布機就可以依照預先編好的流程，自動織出想要的圖案。

巴貝奇靈光一閃，用打孔卡來取代鼓輪，這讓分析機成為可以輸入無數指令，也能調整工作順序的多功能機器！可惜懂得欣賞分析機箇中奧妙的人並不多，再加上先前差分機的不良紀錄，完全沒有人願意再贊助他。

1840 年，義大利的頂尖科學家齊聚杜林市召開會議，討論該國科學發展的現況和前景。雖然義大利曾經是文藝復興發源地，但科學發展卻有待迎頭趕上，會議召集人因此邀請了一位外國貴賓參與——正為分析機尋求金援的巴貝奇。他向義大利一流的數學家和工程師仔細解釋分析機的重要性。

正當大家聽得滿臉問號時，一位年輕軍官兼軍事工程師梅納布雷亞（Luigi Menabrea）埋頭猛作筆記，後來發表了一篇法文論文，詳細描述分析機的運作機制——就是這篇晦澀難懂的文章，改變了愛達的一生。

第一位程式設計師誕生！

OPEN

拿著數學向前衝！衝？

這時雄心勃勃的愛達正投入數學學習中，她的家庭教師笛摩根是倫敦大學的首位數學教授，也是符號邏輯學的先驅。笛摩根認為符號之間的關係（像是 a + b = b + a）代表著某種邏輯關係，其中 a 和 b 不一定是數字，也可以是其他的事物，這個想法深深影響著愛達。

笛摩根鼓勵愛達專心研究方程式求解的規則，但總是不乖的她更喜歡讓想像力隨著方程式畫出的曲線飛舞奔馳，探討方程式所代表的意涵。對愛達來說，數學不是硬梆梆的數字，反而充滿了詩意的美感，是比文字更能描述宇宙和諧的美好語言。

重新研習數學激發了愛達的創造力和想像力，她覺得這股巨大的力量就像是童年時夢想裝在身上的翅膀，能帶著她騰空飛翔，拋開一切煩惱和限制；想像力能夠讓看似矛盾的一切和解：詩情與物質、藝術衝動與科學方法——甚至是她的爸爸拜倫和媽媽安娜貝拉。

工業革命發展帶來了蒸汽機和紡織機等新發明，改變了當時世界的樣貌，愛達對科技充滿了迷戀，對把想像力運用於科技的概念十分感興趣，她自認擁有父親所沒有的天分：對潛藏事物的直覺與分析能力。或許她能藉此創造出「詩意的科學」。

科技的日新月異卻讓愛達走火入魔，甚至覺得自己有些歇斯底里。她狼吞虎嚥的將自己填滿，但卻無法決定該往哪個方向走？自覺和一切格格不入，不論是新潮的衣著打扮或口無遮攔的言談舉止都讓人側目。她極欲狂奔衝刺，但往前只看到一片黑暗；她渴望有所成就，卻找不到能全心奉獻的興趣。

黑暗中的曙光禮物

那篇梅納布雷亞的分析機論文，竟成為愛達在黑暗中的曙光，也重新連接起她與巴貝奇的關係。當時英國剛成立了一本科學期刊《科學實錄》（Scientific Memoirs），專門將有趣的外國科學論文翻譯成英文。查理斯·惠特史東（Charles Wheatstone）是這本期刊的共同創辦人，也是巴貝奇和愛達的好友。他一看到這篇文章，馬上想到這篇論文翻譯的最佳人選——愛達，他詢問愛達是否願意接下這份工作，愛達當然興致高昂，這就是她滿腔狂熱和潛藏天分的出口，她立刻就開始翻譯，沒幾個月就把完稿交給惠特史東。

愛達也告訴巴貝奇她翻譯了梅納布雷亞的論文，巴貝奇驚喜的問愛達：「既然你對這個題目這麼熟悉，為什麼不自己寫一篇原創的論文呢？」愛達從未動過這個念頭，畢竟在當時很少有女性發表科學論文，巴貝奇於是建議她可以先為論文補充一些評註。

這可不是件尋常事，畢竟愛達之所以小有名氣，是因為她的父親是全英國最知名的詩人，要她替這麼複雜的分析機寫評註，是不是有點太強人所難了？巴貝奇可不這麼想，畢竟愛達是極少數能了解分析機之美的人。但愛達呢？她的內心有好多聲音在打架，這就是她等待已久的機會嗎？分析機會不會只是個荒謬的奇想？但愛達沒有退路，她需要一件能讓自己全心投入的事業，拯救她脫離瘋狂。

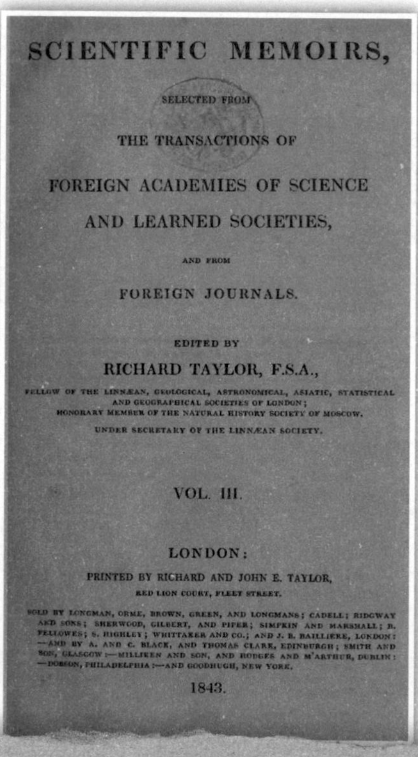
SCIENTIFIC MEMOIRS,

SELECTED FROM

THE TRANSACTIONS OF

FOREIGN ACADEMIES OF SCIENCE

AND LEARNED SOCIETIES,

AND FROM

FOREIGN JOURNALS.

EDITED BY

RICHARD TAYLOR, F.S.A.,

FELLOW OF THE LINNÆAN, GEOLOGICAL, ASTRONOMICAL, ASIATIC, STATISTICAL AND GEOGRAPHICAL SOCIETIES OF LONDON;
HONORARY MEMBER OF THE NATURAL HISTORY SOCIETY OF MOSCOW.

UNDER SECRETARY OF THE LINNÆAN SOCIETY.

VOL. III.

LONDON:

PRINTED BY RICHARD AND JOHN E. TAYLOR,

RED LION COURT, FLEET STREET.

SOLD BY LONGMAN, ORME, BROWN, GREEN, AND LONGMANS; CADELL; RIDGWAY AND SONS; SHERWOOD, GILBERT, AND PIPER; SIMPKIN AND MARSHALL; B. FELLOWES; S. HIGHLEY; WHITTAKER AND CO.; AND J. B. BAILLIÈRE, LONDON:—AND BY A. AND C. BLACK, AND THOMAS CLARK, EDINBURGH; SMITH AND SON, GLASGOW:—MILLIKEN AND SON, AND HODGES AND M'ARTHUR, DUBLIN:—DOBSON, PHILADELPHIA:—AND GOODHUGH, NEW YORK.

1843.

▲1843 年 9 月的《科學實錄》就刊載了梅納布雷亞的論文以及愛達的評註。

我就是超越巴貝奇的人

1843 年的春天，愛達全心投入評註寫作；巴貝奇也樂得幫忙，把好幾十大本的分析機設計原圖寄給愛達。最後愛達完成近兩萬字，放在原論文後面的七篇評註，這字數比梅納布雷亞的原文還要多了兩倍！

愛達一開始就直搗問題核心，在最重要的第一個評註解釋了差分機和分析機的不同：差分機只能計算某個特定的函數，但分析機可以計算任何一個函數。關鍵在於分析機利用打孔卡，這讓機器不但可以重複執行一連串的指令，更可以依據計算結果，跳過這串卡片去讀另一串指令。

「一旦有了利用卡片的想法，分析機就超越了算數的界線……。正如同雅卡爾織布機能夠編織出花與葉，分析機也編織出代數的型態……」。愛達甚至比巴貝奇更清楚這件事代表的意義。她將初稿寄給巴貝奇徵詢意見時，巴貝奇說：「我真不想把稿子還給你，因為寫得太好了，希望妳不要再更動。」

愛達更承襲笛摩根把代數方程式延伸到邏輯關係的概念，來描述分析機。她說像分析機這樣的機器，不僅能處理數字，只要能用符號來表達的事物，像是文字、音樂、邏輯等，都可以藉由分析機來改變之間的關係。她想像分析機能以科學的方式，執行排版、編曲或是更複雜的工作。

巴貝奇只侷限在處理數字，但愛達更看到齒輪上可以承載更多樣的資訊，預見了現代電腦的本質！但她認為分析機是無法思考的：「分析機完全沒有創造任何東西的意圖……一旦我們對它發號施令，它只會一一執行。」

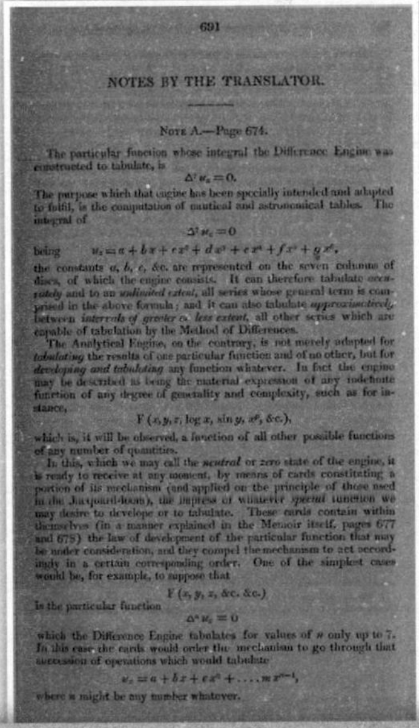

691

NOTES BY THE TRANSLATOR.

NOTE A.—Page 674.

The particular function whose integral the Difference Engine was constructed to tabulate, is

$$\Delta^7 u_x = 0.$$

The purpose which that engine has been specially intended and adapted to fulfil, is the computation of nautical and astronomical tables. The integral of

$$\Delta^7 u_x = 0$$

being $u_x = a + bx + cx^2 + dx^3 + ex^4 + fx^5 + gx^6$,

the constants *a*, *b*, *c*, &c. are represented on the seven columns of discs, of which the engine consists. It can therefore tabulate *accurately* and to an *unlimited extent*, all series whose general term is comprised in the above formula; and it can also tabulate *approximatively*, between *intervals of greater or less extent*, all other series which are capable of tabulation by the Method of Differences.

The Analytical Engine, on the contrary, is not merely adapted for *tabulating* the results of one particular function and of no other, but for *developing and tabulating* any function whatever. In fact the engine may be described as being the material expression of any indefinite function of any degree of generality and complexity, such as for instance,

$$F(x, y, z, \log x, \sin y, x^p, \&c.),$$

which is, it will be observed, a function of all other possible functions of any number of quantities.

In this, which we may call the *neutral* or *zero* state of the engine, it is ready to receive at any moment, by means of cards constituting a portion of its mechanism (and applied on the principle of those used in the Jacquard-loom), the impress of whatever *special* function we may desire to develope or to tabulate. These cards contain within themselves (in a manner explained in the Memoir itself, pages 677 and 678) the law of development of the particular function that may be under consideration, and they compel the mechanism to act accordingly in a certain corresponding order. One of the simplest cases would be, for example, to suppose that

$$F(x, y, z, \&c. \&c.)$$

is the particular function

$$\Delta^n u_x = 0$$

which the Difference Engine tabulates for values of *n* only up to 7. In this case the cards would order the mechanism to go through that succession of operations which would tabulate

$$u_x = a + bx + cx^2 + \dots mx^{n-1},$$

where *n* might be any number whatever.

▲愛達評註的首頁，描述了她對分析機的未來看法。

愛達在最後一篇評註中，詳細說明如何利用分析機來計算「白努利數」。白努利數是個非常複雜的無限數列，她先把用來計算白努利數的方程式，分解成一系列更簡單的公式，然後以圖表說明如何編寫演算法並輸入機器。她提出「次常式」的概念：「用來執行特定工作的指令序列」。她想像以後會有程式庫儲存各種常用的次常式，像是計算三角函數或是複利；主程式在需要的時候能夠呼叫各種次常式。

另外，還有現代程式常見的「迴圈」，這是能夠不斷的自我重複的指令序列，每次的計算結果都是下一次計算的初始值。此外還能夠在計算結果符合特定條件時，改變指令路徑，在一連串的指令卡片中反覆跳躍到任一張卡片，也就是現代電腦程式的「條件分支」。

愛達用來說明以分析機計算白努利數的演算法圖表，根本就與現代的電腦程式有著很高的相似程度，號稱「史上第一個電腦程式」。而第一臺真正的電腦甚至要到一百年之後才問世，愛達因此成為領先時代一百年的程式設計師祖師娘！

▼愛達在譯者評註 G 中，詳細寫下計算白努利數的程序，這張圖表被譽為史上第一個電腦程式。

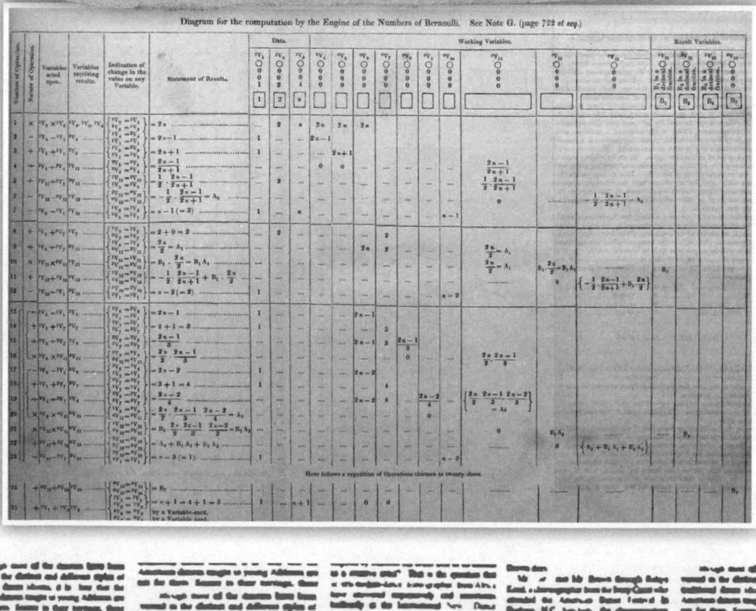

最快樂的時光，最真的自我

OPEN

有人真不老實

愛達的寫作之路可沒有一帆風順，不但遇到瓶頸，連和巴貝奇的合作也是狀況百出。對巴貝奇來說，面對這位任性、又小他二十多歲的大小姐，他也只能逆來順受。

到了七月底，論文即將發表，愛達正在進行最後的校對，她對作品滿意極了。沒想到這時巴貝奇天外飛來一筆，多擬了一份親筆聲明，嚴詞批評英國政府不願贊助他的研究。原來別有居心的巴貝奇想要利用愛達的名氣，讓他的發明再次受到關注，藉此一吐怨氣。愛達雖然同意這份聲明和她的評註一同發表，但堅持巴貝奇的聲明、梅納布雷亞的論文和她的評註要清楚劃分開來。

她沒有想要大肆張揚自己的身分，但又不甘於一般人對女性作者隱姓埋名的期望，黯淡的躲在角落枯萎，於是決定要在每篇評註都加上姓名縮寫「A. A. L.」，以宣示主權。而巴貝奇打的如意算盤，是要把他的聲明放在論文前當成序言，而且還要故意混淆視聽——不加上署名。

《科學實錄》的編輯威廉．法蘭西斯（William Francis）為此召開會議，找來曾經參加巴貝奇茶會的地質學家查爾斯．萊爾（Charles Lyell）和建議愛達翻譯論文的惠特史東，三個人一起討論該如何處理這個燙手山芋。他們討論了好幾種

各位科學家大大們，這下該怎麼辦？

不然在《科學實錄》刊出巴貝奇的聲明，愛達的評註改在《哲學雜誌》發表。

這樣太委屈愛達了，不然把聲明印成夾頁，夾進去《科學實錄》就好。

威廉．法蘭西斯

查理斯．惠特史東

查爾斯．萊爾

方案，最後決定將巴貝奇的聲明以夾頁方式，額外放入《科學實錄》裡。

為了避免聲明作者被誤認為愛達，惠特史東還承諾，要是巴貝奇不肯為聲明署名，他願意簽上自己的名字。萊爾寫信給巴貝奇，告訴他編輯會議的結果：「如果你還是個男人，就在聲明上簽名，不要像個縮頭烏龜，把爛攤子留給惠特史東！」沒想到巴貝奇斷然拒絕他們的要求，還寫信給愛達，要她從《科學實錄》撤回論文。

愛達這下氣壞了，她可不是個任巴貝奇擺布、在賓客前旋轉跳舞的銀色舞孃！她寫了一封 16 頁的長信給巴貝奇，絮絮叨叨的述說她有多麼努力，她當然完全無法接受巴貝奇要她撤回論文的舉動……。過了幾天，整件事總算畫下休止符。《科學實錄》出版了梅納布雷亞的論文和愛達的評註，而巴貝奇的聲明則以匿名的方式發表在《哲學雜誌》上。

愛達的作品大獲好評，她的老師迪摩根、丈夫威廉、摯友華倫佐都大力稱讚她，這讓渴望獨立的她成為一個「完全的專業人」，她不再是威廉的附屬品，而是她自己！一個月後，巴貝奇和愛達似乎盡釋前嫌，又開始通信，巴貝奇稱呼愛達是「數字魔女、我親愛而深深仰慕的大翻譯家」。而愛達則頑皮的調侃巴貝奇「順從本仙女的指導」，還開玩笑說：「我建議你別作任何抵抗，任由那個古怪的小東西對你從頭到尾、從裡到外、從上到下、滴水不露的施展魔法！」

然而上帝的骰子並未厚待愛達。巴貝奇的分析機沒有因為愛達的評註而大紅大紫，英國政府也並未改變態度資助巴貝奇。分析機就像是天邊的一道彩虹，終究是個幻影。而愛達的生命就像曇花一樣，在此時開出了最美麗的花朵。

最美的時光或許結束

安娜貝拉的手從未停止干預愛達的生命。她自告奮勇要替無法無天的三個小孫子找位家庭教

師，因為威廉向丈母娘抱怨愛達都不管小孩，也不要他插手。安娜貝拉找到的這位威廉．班傑明．卡本特（William Benjamin Carpenter）醫生比愛達大了兩歲，剛滿 30 歲的他是位小有名氣的研究學者，與妻子露易莎相當恩愛。安娜貝拉覺得他不但能夠勝任家庭教師，也能治治她那依然桀驁難馴的女兒。

愛達在卡本特的鼓勵下，以病人對醫生的心態一股腦的說出心事。隨著兩人獨處的時間增多，愛達對卡本特越來越沒有顧忌，她向卡本特透露，覺得和自己應該深愛的家人非常疏離，內心澎湃的感情和丈夫、孩子、母親沒有交集；陰暗的憂鬱席捲而來時，甚至讓她想要結束自己的生命，但長期病痛讓她覺得自己的死亡或許不勞她親自動手。

卡本特以為自己握有安娜貝拉的特許，逐漸失了對愛達的分寸，兩人越來越常單獨約會。對愛達來說，卡本特是位瞭解又照顧她的男人，就像她的哥哥，跟他在一起讓愛達覺得很有安全感。不料，他們之間的關係越來越危險，幾次威廉因為公差出門在外，兩人在愛達的寓所獨處互換親吻，讓愛達開始擔心卡本特對她之所以如此親密是別有居心，而非兄長之情。這終究瞞不過威廉，然後他立刻資遣這位家庭教師，為整樁醜事畫下句點。

愛達覺得有如困在牢籠中的動物，一切都是徒勞無功、浪費生命。丈夫威廉雖然是個善良正直的好人，但她卻無法對他有更深的感情，她頂多能夠像愛兒子那樣愛威廉。她覺得自己不但是失職的妻子、也不是好媽媽，忍不住覺得孩子都是煩人的責任：「我只是個無害又不討人厭的媽媽，我為他們感到悲哀。我的生命就是一連串的挫敗，一直都是這樣……」

如同脫韁野馬的旅途終點

OPEN

迷人刺激的賽馬

卡本特事件落幕後，愛達的健康情況越來越差，她日益依賴家庭醫生開給她的治療藥物——烈酒、鴉片和嗎啡。但愛達對知識的追求仍不曾停歇，她開始想探討是否能以數學模式描述大腦如何思考？神經系統如何傳遞訊息？

當初她找了迪摩根教授來教他數學，這次她把腦筋動到英國頂尖的實驗物理學家麥可．法拉第（Michael Faraday）身上，他可是愛達的仰慕者呢。可惜當時法拉第因工作過度，健康狀況不佳，只得忍痛拒絕愛達的請求。

愛達轉而找上另一位從事電學實驗的科學家：安德魯．克羅斯（Andrew Crosse），安德魯欣然同意，並邀請愛達於 11 月到自家宅院小住。愛達因此認識了安德魯的大兒子約翰．克羅斯（John Crosse），她對這位大她五歲的男性友人深深著迷，兩人合作了不少科學評論作品。

在約翰的介紹下，愛達迷上了賽馬和賭博，這讓生性追求刺激的愛達有了新生命，病痛也奇蹟似的減緩，不再依賴鴉片。邁向 30 歲的她心情平靜，甚至寫信告訴母親，不會再臣服於她的影響力。更重要的是約翰也在愛達渴望情感的內心激起漩渦，愛達用情至深，開始在他的身上大肆揮霍，甚至幫他的宅邸買了一整套新家具。

愛達下的賽馬賭注越來越大，欠了一屁股債。她開始和巴貝奇討論如何將數學應用在賭博活動上，試圖將機率計算公式化，深信自己就要在春季賽馬大會發大財！沒想到愛達研發的押注系統慘敗，總損失高達 3200 英鎊，這對她簡直有

如五雷轟頂。走投無路的愛達只能求助老公威廉，向他坦承欠下的鉅額債款，威廉只得花錢消災，將愛達沉迷賭博的醜聞壓下。

沒想到在這之後，愛達的健康狀況急轉直下，洛柯克醫生診斷出愛達罹患子宮癌，可能來日無多。愛達似乎也有心理準備：「我寧可擁有五年或十年真正的生活，也勝過二、三十年毫無靈魂 、 渾渾噩噩的日子」。

這對威廉來説是個嚴重的打擊，他對愛達既生氣又憐惜，幾番掙扎之後他決定將愛達的病情和欠下賭債的事告訴安娜貝拉，但他作夢也沒想到，這個決定讓愛達最後的人生痛苦萬分。安娜貝拉譴責威廉沒有善盡照顧愛達的責任，她決定要重新奪回女兒的人生主控權，開始插手愛達的治療。

安娜貝拉還要求愛達列出欠下的債務清單，得知愛達把傳家珠寶交給約翰典當，卻只得到遠低於珠寶價值的 800 英鎊。安娜貝拉指示銀行將珠寶贖回。沒想到愛達後來又將藏放珠寶的地方告訴約翰，讓他再度拿去典當。愛達雖然所剩之日無多，但卻寧可支開對自己充滿愛憐不捨的威廉，好讓她可以單獨跟約翰在自宅私會。

英國賽馬歷史非常悠久，連英國王室也非常熱衷。時髦、刺激的賽馬也是一場時尚社交聚會。

旅途終點僅能豎起白旗

在 1852 年的一個夏日午後，威廉和昔日同窗華倫佐閒聊時，意外得知約翰竟然隱瞞已有家室的實情，威廉要他不得再踏進自家大門一步。愛達大為恐慌，懇求洛柯克醫生替她求情，讓她得以繼續和約翰碰面，洛柯克醫生寫了一封信給威廉：「以愛達目前病弱的狀況，禁止為她帶來安全和快樂泉源的人往來，實在太殘酷了。」

可惜這封信來得太遲了，安娜貝拉已經坐在愛達床邊，現在決定愛達能夠見誰的是她，而不是威廉。她不但禁止約翰和愛達碰面，愛達的知己朋友也一概被拒於門外，就連多年老友巴貝奇也硬生生自愛達的生活中消失。

虛弱的愛達偶爾還能彈奏幾分鐘的鋼琴紓解痛苦和不適。亨利．菲利浦為她畫下最後一張肖像畫，當年他的爸爸湯瑪士．菲利浦也曾經為拜倫留下身著阿爾巴尼亞服飾的英雄肖像畫。他筆下的愛達既虛弱又愁苦，蒼白的幾乎透光，而她的視線望向未知的遠方，好像在打量身後的世界。

愛達告訴威廉希望死後能夠安葬在拜倫的墓旁，並決定在墓誌銘引用聖經雅各書的經文：「你們定了義人的罪，把他殺害，他也不抵擋你們。」她自覺時間不多，急著要見兩個兒子，在海上的小拜倫和在瑞士的羅夫在八月相繼趕回，但愛達已經陷入彌留，威廉和兒女只能輪流用海綿為她擦拭身體。愛達有時會清醒過來，卻被不斷來襲的痛苦逼瘋，有時甚至會掙脫威廉撞向牆壁。威廉只好把房間牆壁鋪上厚厚的軟墊，以免愛達傷到自己。

八月底時，愛達不斷呢喃：「不要把我活埋，不要把我活埋……我的葬禮會在哪裡舉行？現在幾點鐘了？是誰站在門外？站在門邊的是什麼人？站在我床邊的又是誰？是我的父親，他來接我了……」

在偶然恢復神智的時刻，威廉親吻她的手，而愛達默默環抱他的脖子，湊到臉旁。片刻之後，她問威廉能不能原諒她，威廉溫柔的答

應。愛達告訴威廉，為什麼需要他的原諒：她和約翰之間不只是友情。這讓威廉氣急敗壞，忍不住對垂死的愛達咆哮，悔恨的把自己鎖在另一個房間內。

現在，安娜貝拉完全擁有愛達，她趁女兒的短暫清醒時刻，粗魯的連哄帶騙，要愛達認罪，虛弱的愛達豎起白旗，任安娜貝拉擺佈。她要愛達禱告並承認更多罪行，同意安娜貝拉全權處理她的文書和後事。安娜貝拉相信，愛達的疾病是上天的旨意，要讓她遠離誘惑。這時，安娜貝拉完成了任務，愛達已將自己的一生否定殆盡，現在，她可以離開了。

她的朋友、丈夫、孩子逐漸從她身邊離開。1852 年 11 月 27 日晚上九點半，愛達在連續數小時的昏迷和驚厥後突然安靜下來，悄悄離開人世；她和爸爸拜倫一樣，只活了短短 36 年。葬禮在愛達死後一星期才舉行，威廉為她安排了隆重的葬禮，替棺木覆蓋紫色的天鵝絨、以銀色的小王冠作為綴飾，但安娜貝拉卻缺席了。葬禮結束後，拜倫的墓穴被打開，放入愛達的棺柩，她在死後才得以擁抱她最親愛的父親，與他並肩長眠。

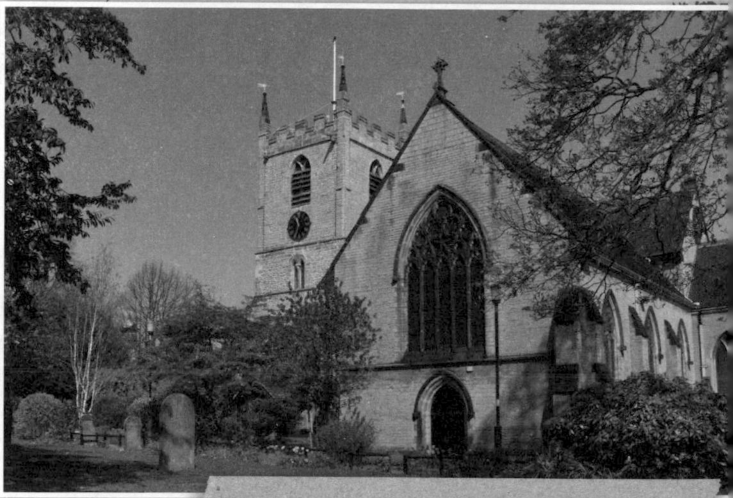

▲愛達與父親拜倫的長眠之處：英國的聖瑪麗．瑪格達琳教堂

Avant-garde techniques, power and daring at a Montreal festival.

CHAPTER 3

祕辛爆爆

ADA LOVELACE

自動計算的發展史

數學計算在現代是個再簡單不過的事，加減乘除只要一臺小巧的電子計算機就可以完成。更複雜、需要使用公式的計算，改用電腦就好了。不過在巴貝奇和愛達的年代、號稱可以取代人力計算的計算機可是龐然巨物，更不用說可以人手一臺。現代的電腦已經遠比愛達想像中的樣子更為厲害，不但可以替我們解決問題，還具有自動學習的人工智慧。現在就讓我們看看自動計算的發展歷史，一同看看愛達的夢想是怎麼實現的！

早期的計算工具

西元前 2400 年｜算盤

西元前 2400 年巴比倫可能已經發展出算盤的雛型，在西元前五世紀就有文字紀錄埃及人使用算盤，這是人類史上最早使用的正式計算工具。

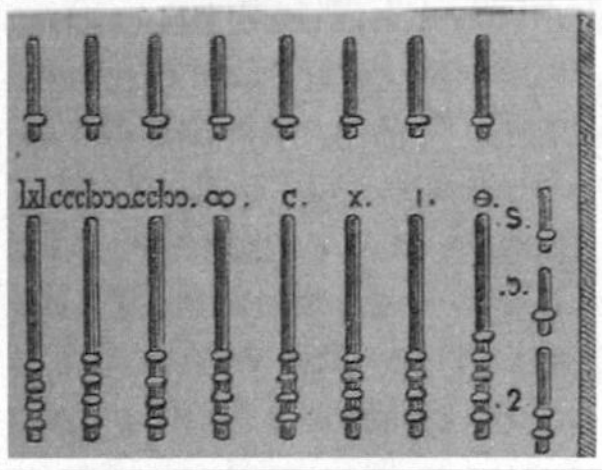

▲古羅馬當時所使用的算盤。

▲一般認為現在所使用的中式算盤，其實要等到宋朝後才流行起來。

謎樣的天文儀器｜安提基特拉儀

◀這個神祕機械，推測是西元前 150 ~ 100 年的古希臘人所發明，目的是為了計算天體在天空的方位。由於極為巧妙、精細的齒輪機械結構，超前當時科技非常多，至今仍有許多謎團有待研究。

1614 年｜納皮爾的骨頭

蘇格蘭數學家約翰・納皮爾（John Napier）所發明的工具，由底座和各種數字片組成，透過移動數字片就可以計算乘法和除法。例如：要計算 46785399×7，就在底座上依序擺放 4、6、7、8、5、3、9、9 等 8 片數字片，接著透過右圖的規則相加與進位，就可以快速得出乘積 327497793。

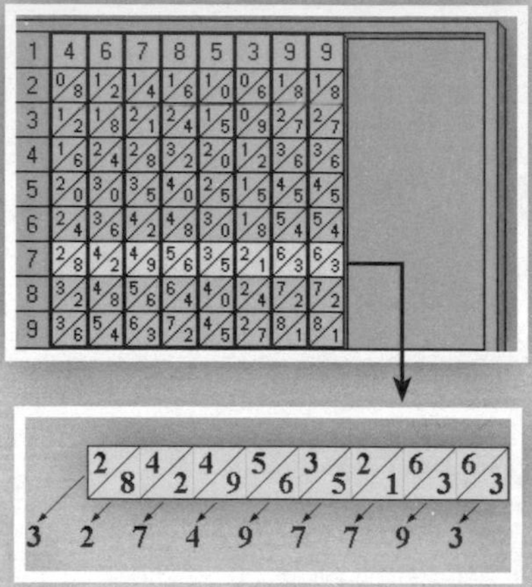

1623 年｜第一台機械計算機

1623 年，德國科學家威廉・希卡德（Wilhelm Schickard）建造出世界第一部機械式計算器，使用類似時鐘的齒輪技術，就可以進行六位數的加減。後來的巴斯卡和萊布尼茲也各自發明了類似的機械計算機，但是製作成本非常高，始終無法普及。

1820 年｜第一台「普及」機械計算機

直到 1820 年，法國人查爾斯・湯瑪斯（Charles Thomas）以萊布尼茨的設計為基礎，終於成功量產具有四則運算能力的機械計算器。

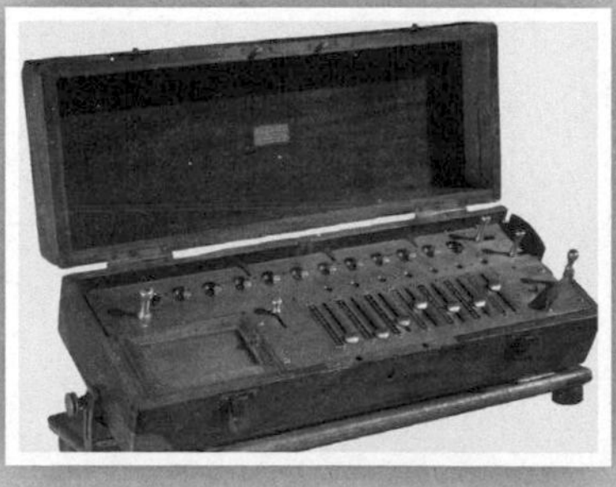

可程式化的計算工具

1805 年｜程式化機器始祖

法國人雅卡爾發明使用打孔卡片控制的自動化織布機，打孔卡片就像是編程後的程式輸入，而織布機則是印表機輸出。

1837 年｜巴貝奇的分析機

英國科學家巴貝奇從雅卡爾織布機得到靈感，製作出比差分機更先進的分析機。可以用打孔卡來取代鼓輪，這讓分析機成為可以執行各種功能的機械。

現代電腦時代來囉～

電腦科學之父｜圖靈

◀圖靈（Alan Turing）在 1936 年提出了「圖靈機」數學模型邏輯機，將人的計算行為抽象化，適用於任何計算機器運作原理，為現代的電腦架構奠定了基礎。

1946 年｜第一台「真正」的電腦

佔據這個大房間的無數線路與裝置正是第一台「真正」的電腦 ENIAC，可以計算、編寫程式和儲存資訊。這台重達 30 噸的電腦一秒鐘內大約能完成 5000 次加法運算，由美國賓州大學的科學家製造。第一代的電腦是真空管電腦，但真空管的壽命短、不易散熱、易故障又佔空間。

NOW!

現代的電腦

隨著電晶體、積體電路等各種發明陸續出現，巨大的電腦終於變成我們現在熟悉的樣子：一臺可以放置在桌上的電腦主機，有著螢幕、鍵盤、滑鼠等，甚至可以轉化成筆記型電腦、平板電腦、手機等形式。

愛達研究祕笈大公開

愛達只活了短短的 36 年，母親的控制狂欲望成為她一生揮之不去的陰影，但是她仍無時無刻找機會擺脫束縛，用力活得精彩。現在就讓我們一起來看看愛達有哪些值得我們學習和借鏡的地方？

OPEN

第一招：感性與理性的火花！

愛達是個多才多藝的才女，喜歡音樂戲劇、文學，也認真學習數學和科學。其實，並不是投入科學研究，就要放棄其他興趣，像是皇后樂團的傳奇吉他手布萊恩．梅（Brian May）也是位天文學博士，還參與飛掠冥王星的新視野號任務。

▲ 傳奇吉他手布萊恩．梅，可是倫敦帝國學院天體物理學博士。

第二招：

好老師帶你上天堂！

愛達在 19 歲時就由知名科學家瑪麗·薩默維爾擔任家教。除了提供許多數學書籍，還帶她參加科學沙龍，認識巴貝奇。後來的數學家教笛摩根，則是專精符號邏輯的學者。愛達在《譯者評註》中對分析機的無窮想像，就承襲笛摩根把代數方程式延伸到邏輯關係的概念，認為分析機不只能處理數字，只要能用符號來表達的事物，都能藉由分析機來改變之間的關係。所以遇到優秀又照顧人的老師，可要好好珍惜。

第三招：

廣結人脈，機會自來！

愛達的廣結人脈為她帶來了不少機會，要是少了這些朋友，可能就此埋沒了這位才女呢！其中最重要的朋友當然就是巴貝奇，他相當大方的與愛達分享機器的設計原理。另一位重要的好朋友是《科學實錄》的創辦人惠特史東，他同時是巴貝奇和愛達的好友，因為有他居中牽線，愛達才有機會翻譯梅納布雷亞的分析機論文！多認識朋友並珍惜彼此的友情，就可能會意外改變你的人生。

第四招：

光有想法不夠，還要用力實踐！

愛達從小就接受嚴格的管教，但卻沒有因此失去想像力，反而完美融合父親的浪漫和母親的數理天分，讓天馬行空的想像力得以實踐。例如：她在 13 歲渴望翱翔天際，於是先開始研究鳥類生理構造、嘗試不同材質的翅膀、設計能夠支撐人體重量的紙翅膀等。後來愛達在翻譯分析機論文時，所出現的好多想法，除了在譯註說明外，更提出不少實際運算例子。

第五招：

保持好奇心，樂趣多更多

愛達是個好奇寶寶，對各種新事物都充滿興趣。她所處的年代充滿了日新月異的科技，工業革命發展帶來了蒸汽機和紡織機，改變了當時世界的樣貌；充滿了速度感的火車和電報，更讓愛達覺得好像可以扭轉空間和時間。她也對各種稀奇古怪的觀念充滿興趣，從法拉第的電學到么奇的催眠術，都深深吸引著愛達，雖然後來她的成就與這些領域無關，但這些有趣的新事物無疑豐富了愛達的生活。好奇心是人類進步和發展的動力，讓我們在投入心力探索新知的同時，仍然感到趣味盎然，勇於尋求挑戰和資源。

弱點 1：

爸媽請放手，我會自己飛！

看完愛達的故事，你一定會發現安娜貝拉執意要愛達長成她所希望的樣子，卻忽略了她的天生本性。當然，這並不代表當孩子的你可以為所欲為，而是要讓爸媽可以放心的放手。黎巴嫩詩人紀伯倫是這麼向父母說的：

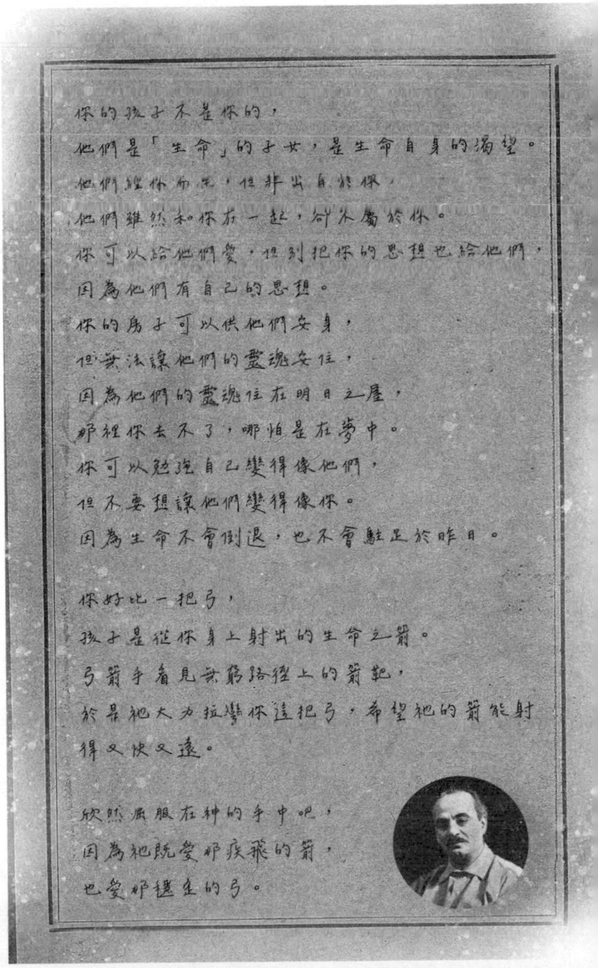
你的孩子不是你的，
他們是「生命」的子女，是生命自身的渴望。
他們經你而生，但非出自於你，
他們雖然和你在一起，卻不屬於你。
你可以給他們愛，但別把你的思想也給他們，
因為他們有自己的思想。
你的房子可以供他們安身，
但無法讓他們的靈魂安住，
因為他們的靈魂住在明日之屋，
那裡你去不了，哪怕是在夢中。
你可以勉強自己變得像他們，
但不要想讓他們變得像你。
因為生命不會倒退，也不會駐足於昨日。

你好比一把弓，
孩子是從你身上射出的生命之箭。
弓箭手看見無窮路徑上的箭靶，
於是祂大力拉彎你這把弓，希望祂的箭能射得又快又遠。

欣然屈服在神的手中吧，
因為祂既愛那疾飛的箭，
也愛那穩定的弓。

弱點 2：

賭博可不是冒險精神

愛達在約翰的牽針引線下，迷上了賽馬和賭博，雖然這讓生性追求刺激的愛達有了新生命，原本的病痛也奇蹟似的減緩，能夠不再依賴鴉片止痛。她甚至開始和巴貝奇討論如何將數學應用在賭博活動上，試圖將機率計算公式化。沒想到愛達研發的押注系統慘敗，損失慘重，還好她的老公威廉願意幫她花錢消災。賭博雖然刺激，但十賭九輸，沉迷其中不但可能身敗名裂，甚至是傾家蕩產。

弱點 3：

健康愛注意！

愛達的身體狀況一直都不是太好，這對她的生活造成很大的影響。那個年代的醫療不如現在發達，醫生常以鴉片和酒精來止痛，這讓她越來越依賴藥物，甚至產生成癮的症狀。沒有健康的身體，就無法隨心所欲的完成自己想做的事，更讓她的自由受限。睡眠充足、營養均衡、規律運動、常保心情愉快是健康生活的不二法門，身體力行嘗試看看，或許會覺得神清氣爽，好事一件接著一件來呢！

▲ 若是將勇於冒險的精神運用在賭博上，就只是變成一種愚昧的魯莽。聰明的愛達或許知道，或許她只想叛逆。

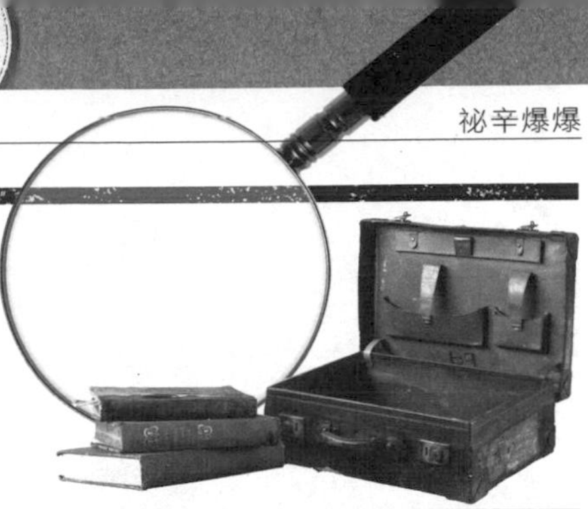

科學家大 PK：愛達與巴貝奇

愛達與巴貝奇這對相差了 24 歲的忘年之交，可說是彼此的知音。巴貝奇的分析機唯有愛達慧眼識英雄，看出箇中的精巧和潛能。愛達也因為這臺神奇的機器，一頭栽入創作出電腦程式的雛形。可惜兩人的成就都未在當代獲得認同，而是過了上百年才重新獲得肯定。現在就讓我們來看看這兩人的命運如何糾纏曲折，為電腦及程式做出重大貢獻。

OPEN

愛達

家庭背景

父親是英國著名詩人拜倫，但從小父母就離婚，母親相當嚴格，對她的一生多所干預。

巴貝奇

家庭背景

出生於英國倫敦富裕的銀行世家，父親的雄厚資金讓他從小就能接受良好的教育。

愛達

幼年教育

從五歲開始，就在母親的監督之下接受家庭教師的嚴格教育。

愛達

叛逆時代

和母親不親，由外婆撫養長大。從小就充滿想像力，13 歲時對飛行著迷。

巴貝奇

幼年教育

幼年體弱多病，因此經常轉學或休學，部分時間由家庭教師指導。

巴貝奇

叛逆時代

父親希望他能從事金融業，但他從小對經商不感興趣，反而喜歡動手創造發明，拿到玩具就會將它拆解。

愛達

學習過程

19 歲時由聲名遠播的女性科學家瑪麗・薩默維爾擔任家教，與她發展出亦師亦友的情誼。

巴貝奇

學習過程

19 歲時進入劍橋大學就讀，對劍橋的數學教學方式感到失望，與好友組成分析學會。

愛達

婚姻及感情生活

17 歲時和家庭教師私奔。20 歲時與大她 11 歲的威廉・金恩結婚。在 28 歲和 29 歲時，又先後與卡本特醫生和約翰・克羅斯發展親密情誼。

巴貝奇

婚姻及感情生活

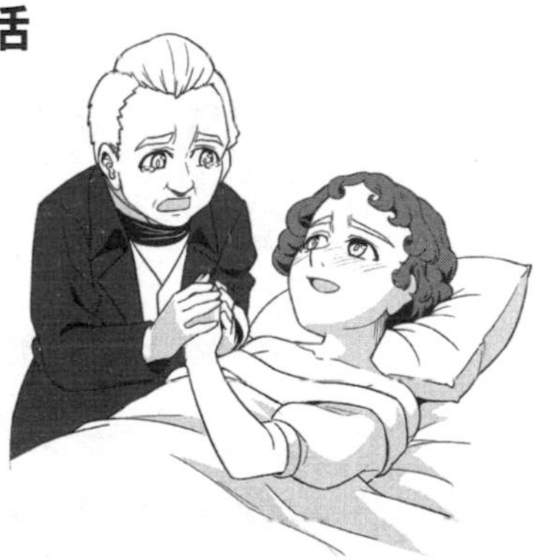

23 歲時與喬治亞娜・惠特莫爾結婚，但妻子在他 36 歲時去世。

愛達

子女

分別在 21 歲、22 歲、24 歲生下長男拜倫、長女安娜貝拉和次子瑞夫。

巴貝奇

子女

育有 8 名子女，但只有 4 位順利成長成年。

愛達

代表作

巴貝奇

評論巴貝奇分析機的《譯者評註》，是第一個電腦程式的雛形。

他所設計的分析機是百年後現代電腦的先驅。

愛達及其同時代的人

查爾斯・巴貝奇

Charles Babbage

1791 年 12 月 26 日～ 1871 年 10 月 18 日

英國數學家、發明家與機械工程師及科學管理先驅者，他是世界上第一臺可編程機械計算機的設計者，提出差分機以及分析機的設計理念，被視為電腦先驅。在愛達的科學生涯中，扮演非常重要的角色，也是愛達的摯友。巴貝奇於 1791 年 12 月 26 日出生於英國倫敦的富裕銀行世家，從小就喜歡動手拆解玩具。幼年體弱多病，沒有接受學校的正規教育，而是由家庭教師進行輔導，在青少年時期開始對數學感興趣。19 歲時進入劍橋大學就讀，但已自行研修現代數學的他，對劍橋的數學教學方式感到失望。畢業後在皇家科學研究所教授天文學，隔年就獲選為英國皇家學會院士，但時運不濟的他好幾年都找不到工作。後來和好友赫歇爾造訪巴黎法國科學院時，萌發出差分機的構想。他在 29 歲到 41 歲的十多年間，在英國政府的資助下，終於完成了七分之一的成品，卻因嚴重超支和進度落後失去了政府的贊助；然而這卻無法阻礙他開始設計更為複雜的分析機的腳步，但也一樣未能完成成品。44 歲時出版《論機械和製造業的經濟》，提出「巴貝奇原則」，首次將科學概念引入企業管理，提倡根據員工能力進行合理分配，而提高生產效率。51 歲時因發明數學和天文表格計算工具，獲得了英國皇家天文學會金獎。不過，與他志同道合的愛達在 36 歲時英年早逝，失去愛達支持的巴貝奇處境更為艱難，最終在 80 歲那年帶著遺憾離開人世。直到 2002 年，英國科技博物館按照巴貝奇的設計，採用 18 世紀的技術，成功複製出巴貝奇差分機。

瑪麗．薩默維爾

Mary Somerville

1780 年 12 月 26 日～ 1872 年 11 月 29 日

蘇格蘭女性科學作家和博學家，主要研究數學和天文學，是愛達亦師亦友的人生導師，和卡羅琳．赫歇爾（Caroline Herschel）一起被提名為首批英國皇家天文學會的女性會員。薩默維爾 1780 年 12 月 26 日出生於蘇格蘭的顯赫家庭，但她和同時代的女性一樣沒有得到受教機會。在她 9 歲時，父親發現她只能讀幾句聖經，於是將她送去寄宿學校待了一年半。她在學校學會了讀書寫字和簡單的算術，但也飽受嚴苛管教之苦。離開寄宿學校回到家後，薩默維爾繼續自學，研究女性雜誌的字謎，偷聽兄弟們的數學課，向哥哥借代數和幾何書籍研讀。父母並不鼓勵她讀書，還沒收了她房裡的蠟燭，但她仍潛心向學，利用白天背誦題目，晚上在腦海裡思索解題。她的父母在她 24 歲那年把她嫁給遠方表哥山繆．葛萊格（Samuel Greig），葛利格同樣認為女人不該追求學術，他們的婚姻既不快樂，也很短暫。在結婚三年生下兩個孩子後，葛利格去世，瑪麗回到蘇格蘭，接受愛丁堡大學約翰．普萊費爾（John Playfair）教授的指導，並開始研究法國學者拉普拉斯的《天體力學》，將之翻譯成英文，以巨作《天體力學的基本論述》讓艱澀難懂的理論變得稍微平易近人。薩默維爾逐漸將學習的領域延伸到天文學、化學、地質學、顯微鏡學、電學和磁學，並遇見了一個鼓勵她研究科學的伴侶——威廉．薩默維爾（William Somerville），兩人後來結婚。當威廉當選皇家學會成員後，他們搬到倫敦並進入了當時頂尖的科學圈。 她在 39 歲時因威廉擔任切爾西醫院（Chelsea Hospital）的醫師，又舉家搬遷到切爾西，因擔任愛達的數學家教，之後兩人一直維持密切的友誼。她經常帶著愛達參加沙龍，也讓愛達有機會與巴貝奇相識。薩默維爾一直到五十多歲才開始撰寫代表作《論各物質科學間的關聯》，連結當時各門學科的發展，提供統一的見解，並促成海王星的發現。她在晚年仍繼續閱讀和學習，於 1872 年 11 月 29 日以高齡 92 歲去世。

珍・馬茜特

Jane Marcet

1769 年 1 月 1 日～ 1858 年 6 月 28 日

著名的女性科普作家，寫過一系列科學入門書籍，她的《化學對話》一書啟發了法拉第對化學的興趣。原名珍・哈爾迪曼（Jane Haldimand），於 1769 年 1月 1 日出生於倫敦的瑞士富商家庭，家中共生養了十二個孩子，但多於幼年夭折。富裕開朗的父母讓她和兄弟一起在家接受家庭教師的教導，除了當時英國女性的必備才能之外，她也學習拉丁文、數學、化學、生物學、天文學、歷史、哲學等科目。母親在她 16 歲時去世，之後她代為母職，拉拔弟妹長大。她 27 歲與父親同遊義大利時，啟發了她對繪畫的興趣，之後還為自己的著作繪製插圖。後來與瑞士醫生亞歷山大・馬茜特（Alexander Marcet）結婚，進入倫敦社交界精英階層，認識包括瑪麗・薩默維爾在內的許多科學家。婚後育有四子，其中一位法蘭索瓦・馬茜特（Francois Marcet）後來成為著名的物理學家。亞歷山大對化學非常感興趣，後來也成為化學講師和皇家學會的成員。她與丈夫參加化學家漢弗里・戴維（Humphry Davy）的一系列公開演講，在與丈夫討論她的疑惑時，發現這種問答的形式特別適合女性學習科學（男性多是以大學正規課程學習科學）。這讓她開始動筆寫作科普書籍，包含《化學對話》、《政治經濟學對話》、《植物生理學對話》等書。這系列書籍以兩位年輕女學生卡羅琳、艾米麗和一位女性教師布萊恩特夫人的對話形式闡釋科學原理。她在晚年，改以兒童為寫作對象。於 1858 年 6 月 28 日過世，享壽 89 歲。

威廉·班傑明·卡本特
William Benjamin Carpenter
1813 年 10 月 29 日～ 1885 年 11 月 19 日

英國的醫生、無脊椎動物學家及生理學家兼解剖學家，曾擔任英國科學學會的會長，對比較神經學影響深遠。曾擔任愛達三位小孩的家庭教師，與愛達有過短暫的情愫。於 1813 年 10 月 29 日出生於英國，是家中的長子，他的父親是位唯一神派的傳教士。他在 15 歲時成為一位眼科醫生的學徒，並先後進入布里斯托爾醫學院（Bristol Medical School）、倫敦大學學院和愛丁堡大學就讀，在 26 歲時獲得醫學士學位，以無脊椎動物神經系統的畢業論文獲得金獎，並撰寫相關書籍《一般及比較生理之定律》，認為人體研究、天體運行、化學物質、物種演化、甚至是人腦構造都涉及同樣的科學，且都歸屬萬能神諭的統轄。27 歲時，與妻子露易莎結婚，育有兩子；後來舉家搬回家鄉布里斯陀定居，並在當地的醫學院擔任教職。在安娜貝拉的安排下，擔任愛達三位小孩的家庭教師，與愛達發展出超乎友誼的關係。他在 31 歲因為比較神經病學方面的貢獻被推選為皇家學會會員，隔年被任命為英國皇家科學研究所的生理學教授。他對有孔蟲和海百合等海洋動物學研究相當有貢獻，並推動後來的深海探索工作。他曾在 40 歲時出版《酒精在健康與疾病上的用途與濫用》，建議完全禁絕酒品。在 43 歲時進入倫敦大學工作，直至 66 歲才退休。1885 年 11 月 19 日因蒸氣浴火盆意外翻覆而導致燙傷去世，享壽 72 歲。

奧古斯塔斯．笛摩根
Augustus De Morgan
1806 年 6 月 27 日～ 1871 年 3 月 18 日

英國數學家及邏輯學家，他明確陳述了笛摩根定律，將數學歸納法的概念嚴格化，對 19 世紀的數學具有相當的影響力，曾擔任愛達的數學家教。於 1806 年 6 月 27 日出生於印度的馬都來（Madurai），他的父親任職於東印度公司，他在出生後不到兩個月就有單眼失明，在他七個月時舉家遷回倫敦，10 歲時父親去世，母親帶他搬到英國西南部，他曾進入數所小學就讀，但數學才華一直未被發現。直至 14 歲時，有位家庭好友意外看到他精心繪製的尺規作圖，才發現他的數學天分。他的母親在英國教會相當活躍，因此希望兒子能成為牧師，但他卻成為無神論者。在 16 歲時進入劍橋大學三一學院就讀，與喬治．皮考克（George Peacock）和威廉．惠威爾（William Whewell）成為畢生好友，並受他們的影響，開始對代數和邏輯感興趣。21 歲畢業後在倫敦大學學院任數學教授，59 歲時參加倫敦數學會的籌備工作，並於隔年擔任會長。他認為代數學實際上是一系列的運算，這種運算能以任何符號根據一定的公設來進行，使代數得以脫離算術的束縛。在邏輯學上首創關係邏輯的研究，提出論域概念，以代數方法研究邏輯演算，建立了著名的笛摩根定律，對後來的布林代數有重大影響。他分析關係的種類及性質，研究關係命題及關係推理，推演出一些邏輯的規律及定理，突破古典的主謂詞邏輯局限，影響後世數理邏輯的發展。曾經撰寫不少算術、代數、三角的數學教材，主要著作有《微積分學》及《形式邏輯》等。他於 1871 年 3 月 18 日死於神經衰弱，享壽 65 歲。

愛達小事紀

西元／年	事蹟
1815	12 月 10 日出生。
1816	媽媽安娜貝拉帶著愛達離開爸爸拜倫，父女再也未曾見面。拜倫離開英國。
1822	與她最親密的外婆過世。
1824	爸爸拜倫在希臘獨立戰爭中病死。
1828	開始研究飛行機器，探索動力飛行的可能性。
1829	因麻疹發作而全身癱瘓，在床上休養了近一年之久。
1832	與家庭教師私奔。
1834	結識了聲名遠播的女性數學家和科學家瑪麗．費爾法克斯．薩默維爾，與她的感情亦師亦友，並透過她在沙龍中認識了當時 42 歲的巴貝奇。
1835	與大她 11 歲的威廉．金恩結婚。
1836	生下一子，取名拜倫。
1837	生下一女，取名安娜貝拉。 感染霍亂病倒。
1839	威廉受封勒芙蕾絲伯爵，愛達也因此成為勒芙蕾絲伯爵夫人。 生下第二個兒子，取名為瑞夫。
1840	愛達又開始學習數學，並請笛摩根擔任她的數學家教。
1842	梅納布雷亞發表介紹巴貝奇分析機的論文，惠特史東邀請愛達翻譯。
1843	愛達開始撰寫七篇譯者評註，其中的演算法圖表就是現代電腦程式的雛型。 與卡本特醫生發展出親密情誼。
1844	愛達的健康情況越來越差，依賴大量的烈酒、鴉片和嗎啡治療。 認識約翰．克羅斯，並與他墜入情網。
1851	賽馬欠下鉅額賭債，診斷出罹患子宮癌。
1852	11 月 27 日離世，葬在父親拜倫身旁，與他並肩長眠。

圖照來源

Chapter 2 讚讚劇場

P15 安娜貝拉肖像／WIKI 提供

P17 拜倫肖像／Thomas Phillips 提供

安娜貝拉肖像／National Portrait Gallery 提供

墨水瓶／shutterstock 提供

P19 愛達肖像／WIKI 提供

拜倫畫像／Joseph Denis Odevaere 提供

P21 科學沙龍／Anicet Charles Gabriel Lemonnier 提供

P22 差分機／shutterstock 提供

紡紗機／The Story of Leeds by J. S. Fletcher 提供

P25 書籍封面／Childe Harold's Pilgrimage by Lord Byron 提供

P26 愛達肖像／WIKI 提供

P28 巴斯卡計算機 1／Rama 提供

巴斯卡計算機 2／WIKI 提供

萊布尼茲輪／Kolossos 提供

P29 10 進位時鐘／DeFacto 提供

P31 差分機／Sebastian Wallroth 提供

差分機 2.0／Bruno Barral (ByB) 提供

P32 音樂盒／shutterstock 提供

雅卡爾織布機 1／Ghw 提供

雅卡爾織布機 2／Dmm2va7 提供

P35 科學實錄封面／WIKI 提供

P36 科學實錄／WIKI 提供

P37 科學實錄／WIKI 提供

P38 愛達／WIKI 提供

巴貝奇／WIKI 提供

P39 威廉法蘭西斯／shutterstock 提供

查理斯／Apples to Atoms by W. D. Hackmann 提供

查爾斯／Alexander Craig 提供

P43 賽馬 1、賽馬 2／shutterstock 提供

P45 拜倫墓碑／Andrewrabbott 提供

教堂／shutterstock 提供

Chapter 3 祕辛報報

P48 古羅馬算盤／Internet Archive Book Images 提供

一般算盤／HB 提供

天文儀器／WIKI 提供

P49 納皮爾的骨頭／WIKI 提供

施卡德機械計算機／Herbert Klaeren 提供

湯瑪斯機械計算機／Ezrdr 提供

P50 織布機／Edal Anton Lefterov 提供

分析機／WIKI 提供

P51 圖靈／WIKI 提供

ENIAC／U.S. Army Photo 提供

P52 冥王星、新視野號、吉他手／shutterstock 提供

P54 小孩、鳥／shutterstock 提供

紀伯倫／WIKI 提供

P55 賽馬、男女／shutterstock 提供

P56～60 查爾斯／WIKI 提供

薩默維爾／Thomas Phillips 提供

馬茜特／WIKI 提供

卡本特／WIKI 提供

笛摩根／Sophia Elizabeth De Morgan 提供

本書參考書目

華特．艾薩克森《創新者們：掀起數位革命的天才、怪傑和駭客》2015. ISBN 9789863208068

班哲明．伍列《科學的新娘：浪漫、理性和拜倫的女兒》台灣商務 . 2003. ISBN 9570517727

費歐娜．羅賓森《愛達的想像力：世界上第一位程式設計師》維京 . 2019. ISBN 9789864401819

科學筆記

科學筆記